畜禽养殖水污染负荷估算

CHUQIN YANGZHI SHUIWURAN FUHE GUSUAN

研究与实践

YANJIU YU SHIJIAN

中国环境监测总站 / 编著

中国环境出版集团 • 北京

图书在版编目（CIP）数据

畜禽养殖水污染负荷估算研究与实践/中国环境监测总站编著. —北京：中国环境出版集团，2023.6

ISBN 978-7-5111-5547-4

Ⅰ. ①畜… Ⅱ. ①中… Ⅲ. ①畜禽—养殖—污染防治—研究 Ⅳ. ①X713

中国国家版本馆 CIP 数据核字（2023）第 115099 号

出 版 人 武德凯
责任编辑 杨吉林
封面设计 彭 杉

出版发行 中国环境出版集团
（100062 北京市东城区广渠门内大街 16 号）
网 址：http://www.cesp.com.cn
电子邮箱：bjgl@cesp.com.cn
联系电话：010-67112765（编辑管理部）
发行热线：010-67125803，010-67113405（传真）

印 刷 北京中献拓方科技发展有限公司
经 销 各地新华书店
版 次 2023 年 6 月第 1 版
印 次 2023 年 6 月第 1 次印刷
开 本 787×1092 1/16
印 张 5.5
字 数 100 千字
定 价 25.00 元

编委会

目 录

第 1 章

绪 论

1.1 我国畜禽养殖发展概况

随着经济社会的不断发展和物质生活水平的不断提高，人们对畜产品的需求成倍增加，使畜禽养殖业成为农业发展的支柱产业之一。

根据国家统计局数据（图 1-1），2011—2020 年农业总产值持续增长，由 7.9 万亿元上升至 13.8 万亿元，增长近 75%。畜牧业作为农业的重要组成部分，2011—2020 年畜牧业产值占农业总产值的比例呈现一定幅度的上下波动，总体在 1/4～1/3。

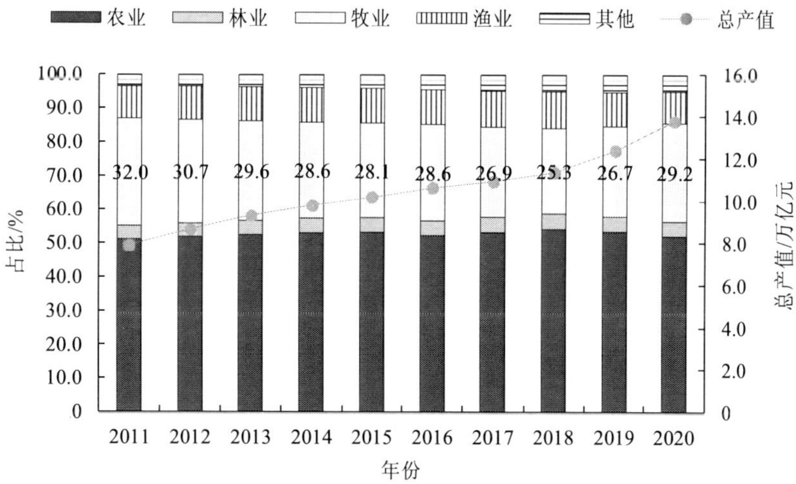

图 1-1 2011—2020 年全国农林渔牧业产值比重及总产值

（数据来源：国家统计局网站）

畜牧业的发展带动了相关产业加快发展，创造了大量就业机会，在保障城乡畜禽产品供应、促进农民增收方面发挥了重要作用。畜牧业已成为一些地区农村经济的支柱产业和农民增收的主要来源。

根据农业农村部《"十四五"全国畜牧兽医行业发展规划》（农牧发〔2021〕37 号），"十三五"期间，在党中央、国务院的坚强领导下，畜牧业克服资源要素趋紧、非洲猪瘟疫情传入、生产异常波动和新冠疫情冲击等不利因素影响，生产方式加快转变，绿色发展全面推进，现代化建设取得明显进展，综合生产能力、市场竞争力和可持续发展能力不断增强。畜产品供应能力稳步提升，2020 年全国肉类、禽蛋、奶类总产量分别为 7 748 万 t、3 468 万 t 和 3 530 万 t，肉类、禽蛋产量继续保持世界首位，奶类产量位居世界前列。产业素质显著提高。2020 年全国畜禽养殖规模化率达 67.5%，比 2015 年提高 13.6 个百分点；畜牧养殖机械化率达 35.8%，比 2015 年提高 7.2 个百分点。养殖主体格局发生深刻变化，小、散养殖场（户）加速退出，规模养殖快速发展，呈现龙头企业引领、集团化发展、专业化分工的发展趋势，组织化程度和产业集中度显著提升。绿色发展取得重大进展。畜牧业生产布局加速优化调整，畜禽养殖持续向环境容量大的地区转移，南方水网地区养殖密度过大问题得到有效缓解，畜禽养殖与资源环境相协调的绿色发展格局加快形成。畜禽养殖废弃物资源化利用取得重要进展，2020 年全国畜禽粪污综合利用率达 76%。

当今世界正经历百年未有之大变局，"十四五"时期畜牧业发展的内、外部环境更加复杂，依靠国内资源增产扩能的难度日益增加，依靠进口调节国内余缺的不确定性加大，构建国内国际双循环的新发展格局面临诸多挑战。

1.2 我国畜禽养殖污染形势

根据《第二次全国污染源普查公报》，2017 年，畜禽养殖业（生猪全年出栏量≥50 头、奶牛年末存栏量≥5 头、肉牛全年出栏量≥10 头、蛋鸡年末存栏量≥500 羽、肉鸡全年出栏量≥2 000 羽）化学需氧量（COD）、氨氮（NH_3-N）、总氮（TN）、总磷（TP）排放量分别为 1 000.53 万 t、11.09 万 t、59.63 万 t、11.97 万 t，分别占纳入普查的污染源排放量的 46.7%、11.5%、19.6%、38.0%。其中，畜禽规模养殖场（生猪全年出栏量≥500 头、奶牛年末存栏量≥100 头、肉牛全年出栏量≥50 头、蛋鸡年末存栏量≥2 000 羽、肉鸡全年出栏量≥10 000 羽）水污染物排放量：COD 604.83 万 t，氨氮 7.50 万 t，总氮 37.00 万 t，总磷8.04万t，分别占纳入普查的畜禽养殖污染物排放量的60.5%、67.6%、62.0%、67.2%。畜禽养殖水污染物排放贡献不容忽视。

1.3 我国畜禽养殖污染防治管理

2001年以前，在畜禽养殖环境管理方面，我国基本没有针对性的法律法规及政策文件出台。2001年之后的畜禽养殖环境管理进程可分为三个阶段：末端治理阶段（2001—2010年）、总量控制阶段（2011—2015年）、精细化管理阶段（2016年至今）。在不同时期，结合环境管理需求，国家相继出台了一系列畜禽养殖污染防治法律法规、政策、标准及规范。

2022年1月，生态环境部、农业农村部、住房和城乡建设部、水利部、国家乡村振兴局联合印发了《农业农村污染治理攻坚战行动方案（2021—2025年）》（环土壤〔2022〕8号），对于畜禽养殖污染防治主要提出以下两点：

（1）推行畜禽粪污资源化利用。完善畜禽粪污资源化利用管理制度，依法合理施用畜禽粪肥。推动畜禽规模养殖场粪污处理设施装备提档升级，规范畜禽养殖户粪污处理设施装备配套，开展设施装备配套情况核查。整县推进畜禽粪污资源化利用，改造提升粪污处理设施，建设粪肥还田利用示范基地，推进种养结合，畅通粪肥还田渠道。建立畜禽规模养殖场碳排放核算、报告、核查等标准，探索制定重点畜产品全生命周期碳足迹标准，引导畜禽养殖环节温室气体减排。完善畜禽粪肥限量标准，指导各地安全合理施用粪肥。到2025年，畜禽规模养殖场建立粪污资源化利用计划和台账，粪污处理设施装备配套率稳定在97%以上，畜禽养殖户粪污处理设施装备配套水平明显提升。

（2）严格畜禽养殖污染防治监管。组织各地依法编制实施畜禽养殖污染防治规划，到2023年，畜牧大县率先完成规划编制。推动各省（自治区、直辖市）根据畜禽养殖发展情况和生态环境保护需要，制（修）订畜禽养殖污染物地方排放标准。严格落实环境影响评价与排污许可制度，依法开展环境影响评价，监督指导畜禽规模养殖场依法持证排污、按证排污或进行排污登记，遵守排污许可证管理规定。结合养殖场直联直报信息和全国排污许可证管理信息平台，对畜禽粪污资源化利用计划、台账和排污许可证执行报告进行抽查。加大环境监管执法力度，依法查处无证排污、不按证排污、污染防治设施配套不到位以及粪肥超量施用污染环境等违法行为。

1.4 污染物负荷模拟估算方法

估算畜禽养殖非点源污染负荷的常用方法有畜禽污染模型法（机理模型）和产排污系数法（经验模型）。畜禽污染模型法是建立一个模型，计算畜禽粪便污染物对时间的累积量；产排污系数法是单个养殖畜禽每天排出粪便量乘以区域（或养殖场）的养殖数量。由于用畜禽污染模型法计算畜禽养殖污染物产生量过程中有些数据随时间变化较快，且所建立模型计算较为复杂，所以目前在宏观层面上进行畜禽养殖业污染物产排量核算时主要采取的是产排污系数法。常见的适用的机理模型包括 Manure-DNDC 模型、SWAT 模型、APEX 模型等。对于经验模型，多是依托具体的业务工作而衍生出来的具体方法。由于畜禽养殖污染负荷估算是一个复杂的科学问题，开展相关研究的单位和学者很多，但还没有绝对权威的方法，不同方法会有不同适用性和优劣性，开展畜禽养殖污染负荷模拟估算方法研究，对于更加科学精准估算畜禽养殖污染负荷具有重要意义。

第 2 章

畜禽养殖水污染物负荷模拟估算模型构建

本章是 2015 年环保公益性行业科研专项经费项目“畜禽养殖污染负荷模拟估算技术与实证研究”（201509038）的研究成果，包括养殖场、流域、行政区域三个尺度主要畜禽养殖面源水污染负荷估算模型，由中国环境监测总站、北京师范大学等单位研究完成。

2.1 模型构建的整体思路和技术路线

（1）养殖场尺度。考虑养殖场内部人工设定的工程削减因素，建立养殖场尺度的排放量估算模型。在养殖场尺度上，基于末端测算建立模型，这需要对末端排放状况及排放的废弃物成分有数据支撑。

（2）流域尺度。在养殖场尺度的基础上，考虑自然生态削减因素，增加从养殖场到进入目标水体环境过程中自然生态削减的因素，从而体现畜禽养殖对目标水体环境的影响。

（3）行政区域尺度。在理论测算的基础上考虑不同区域管理差异，在行政区域尺度排污负荷估算中体现管理因素对排污水平的整体影响。

模型构建思路如图 2-1 所示。

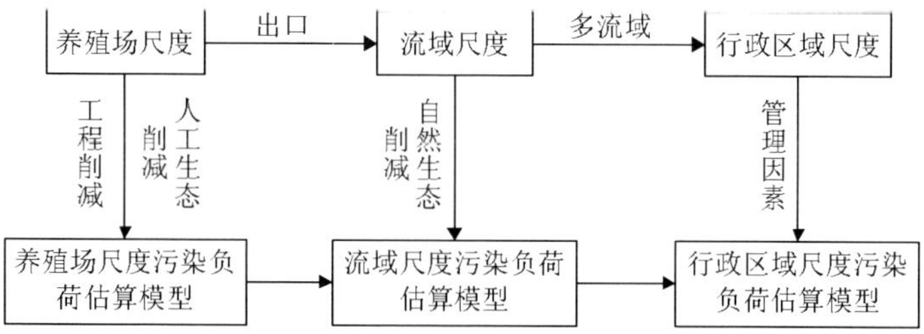

图 2-1 模型构建思路

2.2　养殖场尺度模型构建

通过对末端排放的观测，基于末端测算进行污染排放负荷核算。畜禽养殖量（生猪以出栏量、母猪以存栏量、肉牛以出栏量、奶牛以存栏量、肉鸡以出栏量、蛋鸡以存栏量）与产污系数两者相乘，得出产污量。

$$\mathrm{QC}_{i,j}=N\times\mathrm{FC}_{i,j} \tag{2-1}$$

式中，$\mathrm{QC}_{i,j}$——j 种畜禽污染物 i 的产生量，kg/a；

N——畜禽养殖量（出栏量/存栏量）；

$\mathrm{FC}_{i,j}$——j 种畜禽污染物 i 的产生系数，kg/（只·a）。

考虑畜禽粪污养殖场内部工程削减和人工生态措施的削减作用，污染排放量在产生量的基础上进行扣减。构建模型如下：

$$\mathrm{QP}_i=\sum_{j=1}\mathrm{QC}_{i,j}\times\left[1-\sum_{k=1}(\omega_k\times\delta_k)\right] \tag{2-2}$$

式中，QP_i——污染物 i 的排放量，kg/a；

j——畜禽种类；

k——不同人工处理方式；

$\mathrm{QC}_{i,j}$——j 种畜禽污染物 i 的产生量，kg/a；

ω——各种人工处理方式比例；

δ——对应处理方式削减比例。

2.3　流域尺度模型构建

从流域尺度构建畜禽养殖污染核算模型，只考虑污染物质从养殖场出口到流域的过程。单个养殖场污染物的排放，整个流域畜禽污染物质总负荷排放由各个养殖场污染物排放量加和得到。

在养殖场尺度排污系数的基础上，继续考虑污染物产生量、自然条件下的沟渠、氧化塘和湿地对污染排放的影响，主导因素如表 2-1 所示。

表 2-1　生态削减方式及主导因素

自然生态削减方式	主导因素	获取方式
沟渠	温度	气象部门获取各地温度数据、通过实测确定温度对污染物去除率的影响趋势
	降水量	气象部门获取各地降水量数据、通过抽样调查获取降水量与沟渠长度的对应关系，通过实测确定沟渠长度对污染物去除率的影响趋势
	平均坡度	利用全国地形地貌确定各区域平均坡度，模拟实验确定不同坡度对污染物去除率的影响趋势
氧化塘	水力停留时间	通过抽样调查获取不同区域氧化塘平均水力停留时间，通过实测确定水力停留时间对污染物去除率的影响趋势
	温度	气象部门获取各地温度数据、通过实测确定温度对污染物去除率的影响趋势
湿地	水力停留时间	通过抽样调查获取不同区域湿地平均水力停留时间，通过实测确定水力停留时间对污染物去除率的影响趋势
	温度	气象部门获取各地温度数据、通过实测确定温度对污染物去除率的影响趋势

构建以下模型：

$$\begin{aligned}
&\mathrm{WP}_i=\sum_{j=1}^{n}\mathrm{QP}_i\times(\lambda_g\times A+\lambda_t\times B+\lambda_s\times C+\lambda_z\times 100\%)\\
&A=1-v_g\times\xi_{Tg}\times L_g\times S_g\\
&B=1-v_t\times\xi_{Tt}\times t_t\\
&C=1-v_s\times\xi_{Ts}\times t_s
\end{aligned}\qquad(2\text{-}3)$$

式中，WP_i——流域尺度污染物排放量，即污染物进入目标水体的量；

i——污染物种类；

j——养殖场个数；

QP_i——养殖场最终出口排出的污染物质的量；

A、B和C——分别表示沟渠、氧化塘和湿地对污染物的削减作用；

λ_g、λ_t、λ_s、λ_z——分别表示污染物进入沟渠、氧化塘、湿地和直接进入目标水体的比例；

v_g、v_t、v_s——分别表示沟渠、氧化塘和湿地的平均削减率；

ξ_{Tg}、ξ_{Tt}、ξ_{Ts}——温度系数，分别表示温度对沟渠、氧化塘和湿地中污染物削减的影响，不同温度范围内取值不同；

L_g——沟渠长度系数；

S_g——坡度系数；

t_t——氧化塘水力停留时间系数；

t_s——湿地水力停留时间系数。

2.4 行政区域尺度模型构建

2.4.1 影响因素分析

行政区域尺度模型构建主要是在流域尺度的基础上考虑行政管理因素对污染物的削减，构建畜禽养殖污染负荷估算模型。

为减少畜禽污染，推动我国畜禽养殖持续健康发展，确保畜禽产品稳定供应，我国很多地方采取了一系列污染防治政策措施，在一定程度上减少了畜禽污染负荷。采取的主要措施包括强化畜禽养殖业环境污染防治体系建设、加大政策扶持力度和健全经济激励机制、完善畜禽养殖业环境污染防治技术标准和规范、推动畜禽养殖业环境污染防治宣传教育等。

2.4.2 模型构建

上述管理因素和自然因素会作用于地区整体，最终反映在排污系数上。对于管理因素，本研究利用层次分析法，通过专家打分等方法，根据地区畜禽养殖污染治理措施实施情况对畜禽养殖排污系数进行总体校正；对于自然因素，采用各影响因素指标累乘的方法，对产污系数进行校正。两步校正之后，可根据饲养量和产污系数得到更加符合地区实际排污状况的污染负荷估算结果。

为定量化研究畜禽污染防治管理措施对畜禽污染负荷的影响，本研究在养殖场尺度产污系数的基础上，构建行政区域尺度上的排污系数模型：

$$\mathrm{RP}_i=\sum_{k=1}^{n}(\mathrm{WP}_i\times\lambda_i)\times[1-(\beta_1\times P_1+\beta_2\times P_2+\beta_3\times P_3+\beta_4\times P_4)] \qquad (2\text{-}4)$$

式中，RP_i——行政区域尺度污染物质最终排放量；

k——行政区包含的流域个数；

λ_i——第 i 个流域在该行政区内的面积占流域总面积的百分比；

β_1、β_2、β_3、β_4——分别为四种畜禽污染防治措施的削减率；

P_1、P_2、P_3 和 P_4——分别为四种畜禽污染防治措施的比重，

$$P_1 + P_2 + P_3 + P_4 = 1$$

防治措施削减率的确定是一个重点与难点，需要根据区域的实际情况进行综合分析。

指标所占比重是指该指标在整体中所占分量，不同行政区域可根据采取管理措施的不同和力度的强弱，采用问卷调查的形式制定合理的比重系数。研究区除了采取以上四种污染防治措施外，还会根据区域社会经济发展状况的不同采取相应的措施，进行公式的改进与调整。

2.5 模型使用

2.5.1 基础数据库建立

基于 ArcGIS 软件，建立全国尺度的基础数据空间数据库，包括地形数据、坡度数据、土地利用数据、降雨数据、土壤数据、气象数据、流域数据、行政区数据。

（1）分省地形数据库 DEM_Province.mdb，包括各省（自治区、直辖市）范围内的 DEM 数据（未包括香港、澳门、台湾地区数据）。

（2）分省坡度数据库 Slope_Province.mdb，包括各省（自治区、直辖市）范围内的坡度数据（未包括香港、澳门、台湾地区数据）。

（3）分省土地利用数据库 Landuse_Province.mdb，包括各省（自治区、直辖市）范围内的土地利用数据（未包括香港、澳门、台湾地区数据）。

（4）分省降雨数据库 Precipitation_Province.mdb，包括各省（自治区、直辖市）范围内的降雨插值数据（未包括香港、澳门、台湾地区数据）。

（5）分流域 DEM 数据库 DEM_Watershed.mdb，包括各流域范围内的 DEM 数据。

（6）分流域坡度数据库 Slope_Watershed.mdb，包括各流域范围内的坡度数据。

（7）分流域土地利用数据库 Landuse_Watershed.mdb，包括各流域范围内的土地利用数据。

（8）分流域降雨数据库 Precipitation_Watershed.mdb，包括各流域范围内的降雨数据。

2.5.2 畜禽养殖污染估算平台搭建

采用 ArcGIS Engine +C#编程语言构建自动化污染估算平台，可实现数据预处理及一键式计算等功能。

平台在启动时自动加载计算所需的空间信息数据，包括养殖场监测点位数据、坡度数据、流域划分数据、气象站点数据以及行政区划分数据。平台界面如图 2-2 所示。

图 2-2　畜禽养殖污染估算平台界面

污染负荷估算主要分为两个步骤：基本参数设置与模型计算。

第一步，基本参数设置。

单击基本参数设置按钮，进入模型参数设置界面。在此需要对养殖场尺度、流域尺度以及行政区尺度的计算参数进行设置。

在养殖场尺度设置页面，需要输入养殖场污染排放信息。通过加载固定格式的 txt 文件即可导入所有养殖场各养殖种类的数量。在削减措施设置区域，对每个养殖场的削减措施所占百分比进行设置，每个措施对污染物的削减比例在单独文件中设置，单击“写入”按钮，即可完成养殖场尺度参数的设置。

养殖场尺度设置界面及计算结果见图 2-3。

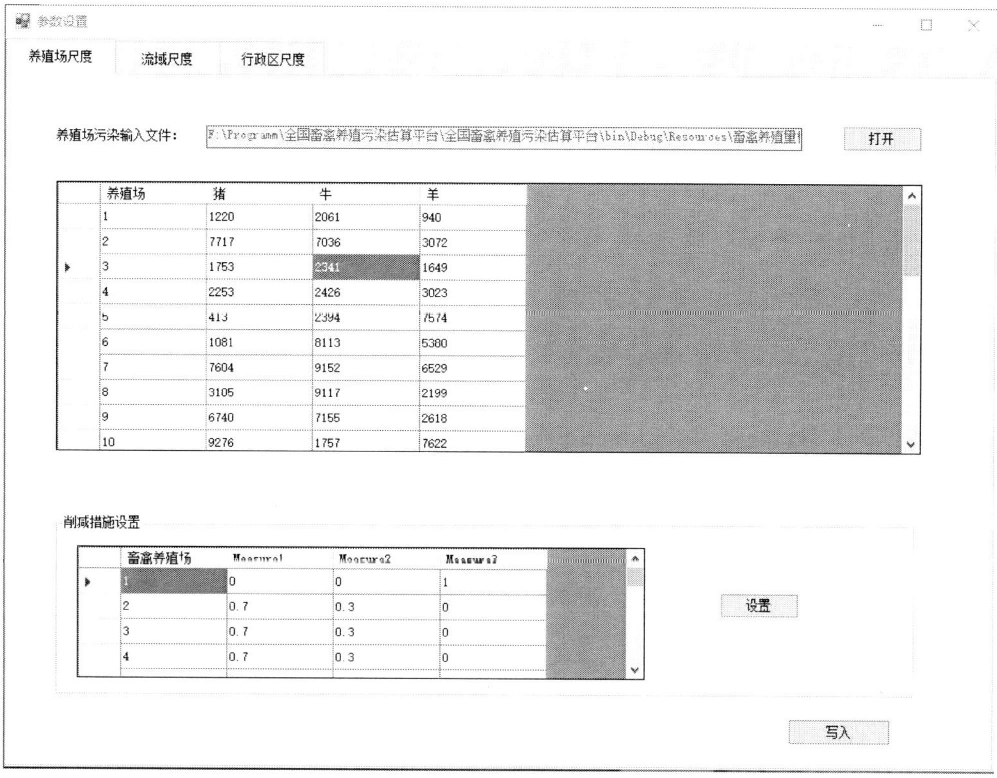

Farm Input File　2018/5/2　15:52

LiveStock Amount

养殖场	猪	牛	羊
1	1220	2061	940
2	7717	7036	3072
3	1753	2341	1649
4	2253	2426	3023
5	413	2394	7574
6	1081	8113	5380
7	7604	9152	6529
8	3105	9117	2199
9	6740	7155	2618
10	9276	1757	7622
11	6830	9276	3066
12	1919	394	646
13	901	8144	978
14	9827	1170	9481
15	5388	1468	4275
16	6190	1136	23
17	5484	5758	3556
18	9707	2325	1424
19	2900	3938	2604
20	8663	8886	1877
21	8404	7616	4395
22	4968	6523	2593
23	1794	5716	7840
24	363	658	2891
25	5894	4363	9813
26	6206	3388	4614
27	4566	3109	9726
28	8538	1919	4839
29	669	5374	5171
30	719	1797	3578
31	9060	4603	1242

Farm Reduction Percentage Input File　2018/5/2　15:52

Reduction Measures Percentage

畜禽养殖场	Measure1	Measure2	Measure3
1	0	0	1
2	0.7	0.3	0
3	0.7	0.3	0
4	0.7	0.3	0
5	0.7	0.3	0
6	0.7	0.3	0
7	0.7	0.3	0
8	0.7	0.3	0
9	0.7	0.3	0
10	0.7	0.3	0
11	0.7	0.3	0
12	0.7	0.3	0
13	0.7	0.3	0
14	0.7	0.3	0
15	0.7	0.3	0
16	0.7	0.3	0
17	0.7	0.3	0
18	0.7	0.3	0
19	0.7	0.3	0
20	0.7	0.3	0
21	0.7	0.3	0
22	0.7	0.3	0
23	0.7	0.3	0
24	0.7	0.3	0
25	0.7	0.3	0
26	0.7	0.3	0
27	0.7	0.3	0
28	0.7	0.3	0
29	0.7	0.3	0
30	0.7	0.3	0
31	0.7	0.3	0

图 2-3　养殖场尺度设置界面及计算结果

在流域尺度设置页面，需要输入区域内气象站点的年均值数据，包括平均降雨与平均气温。点击“打开”按钮加载固定格式的气象站点数据，即可加载每个站点所需的气象数据。在削减措施处设置每个削减措施所占比例。点击“写入”按钮即可生成流域尺度计算输入文件。流域尺度设置界面及计算结果见图 2-4。

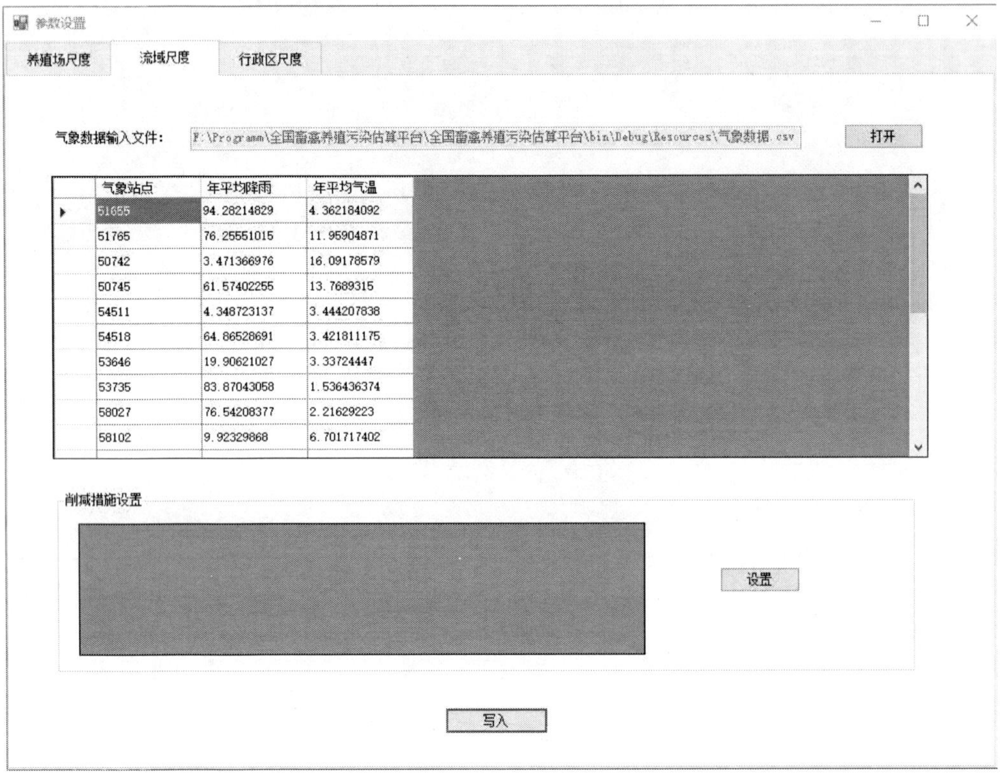


```
Watershed Input File      2018/5/2      15:52
------------------------------------------------------------------------------
Watershed Info
----------------
1    18,17,16    32.522694763    14.930358645    0.326345237341
2    2,1    85.26882922    8.160616401    0.907196260134
3    14,20,22,21    34.6070050235    3.4330095065    0.575295648993
4    10,11,19,13,12    51.888320425    2.436840422    0.719622710889
5    24,15    43.232691225    4.459004816    0.15906787097
6    6,8,26,29,4,9,23,30,3    39.692233165    4.2021382785    0.912814729749
7    5    79.98157711    14.364339445    1.59841069322
8    27,25    42.45075612    13.323269579    0.858109335869
9    7,28    80.806497365    12.4508633755    0.642447125233
10    31    35.26284634    0.835840526    0.532254717156
```

图 2-4　流域尺度设置界面及计算结果

在行政区尺度计算界面，只需设置相应的削减措施所占比例即可，其他设置由平台自动完成。行政区尺度计算界面及计算结果见图 2-5。

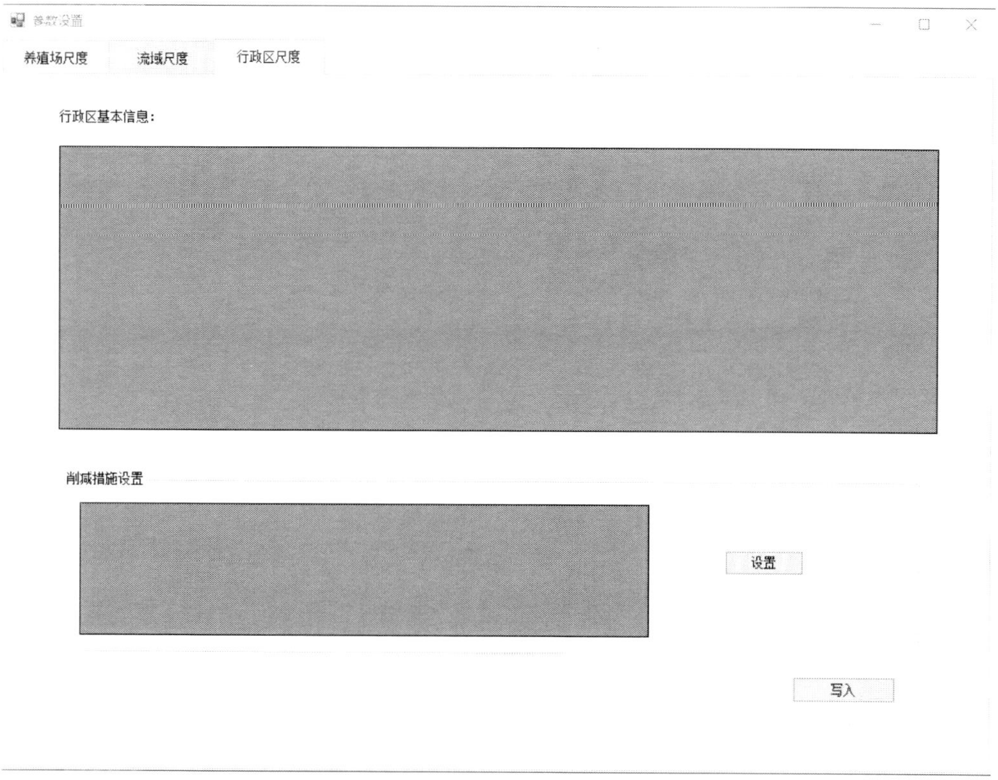

图 2-5　行政区尺度计算界面及计算结果

第二步，模型计算。

养殖场尺度的计算是根据畜禽养殖量（生猪以出栏量、母猪以存栏量、肉牛以出栏量、奶牛以存栏量、肉鸡以出栏量、蛋鸡以存栏量）与产污系数两者相乘，得出产污量。

流域尺度构建畜禽养殖污染核算模型，只考虑污染物质从养殖场出口到流域的过程。单个养殖场污染物的排放，整个流域畜禽污染物质总负荷排放由各个养殖场污染物排放量加和得到。

行政区尺度的计算，主要考虑管理因素与自然因素对污染物削减的影响。对于管理因素，利用层次分析法，通过专家打分等方法，根据地区畜禽养殖污染治理措施实施情况对畜禽养殖排污系数进行总体校正；对于自然因素，采用各影响因素指标累乘的方法，对产污系数进行校正。

计算结果以 Excel 形式保存。计算结果输出界面见图 2-6。

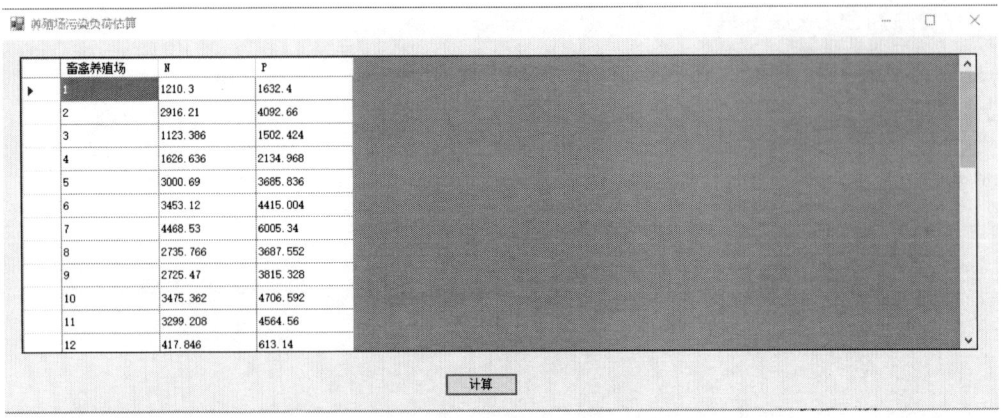

图 2-6　计算结果输出界面

第 3 章

统计调查水污染物负荷估算方法应用

在统计调查中，污染物排放负荷估算方法与调查指标密切相关，一方面污染物负荷的估算需要依赖统计调查相关活动水平或基础信息，另一方面调查指标获得的难易程度会对核算方法的选取和确定产生影响。同时，由于畜禽养殖污染特征及排污状况决定了核算方法以产排污系数法为主，产排污系数是核算方法必不可少的组成部分，因此，本章通过对各种统计调查的调查指标、核算方法及产排污系数体系进行介绍，对各种统计调查畜禽养殖水污染物负荷的估算方法进行概述。

3.1 第一次全国污染源普查

3.1.1 普查对象及调查指标

第一次全国污染源普查（以下简称“一污普”）畜禽养殖业污染源普查以舍饲、半舍饲规模化养殖单元为对象，针对猪、奶牛、肉牛、蛋鸡和肉鸡养殖过程中产生的畜禽粪便和污水开展普查。主要普查猪、奶牛、肉牛、蛋鸡、肉鸡在规模养殖条件下污染物的产生、排放情况。依据养殖组织模式的不同，将畜禽养殖业分为规模化养殖场、养殖小区和养殖专业户三类。规模化养殖场是指饲养数量达到一定规模的养殖场，其中：生猪≥500 头（出栏）、奶牛≥100 头（存栏）、肉牛≥200 头（出栏）、蛋鸡≥20 000 羽（存栏）、肉鸡≥50 000 羽（出栏）；养殖小区是指在统一规划的区域内，由多个养殖业主共同组成，按照统一操作规程进行养殖、管理的养殖单元；养殖专业户是指畜禽饲养数量达到一定规模的养殖户：生猪≥50 头（出栏）、奶牛≥5 头（存栏）、肉牛≥10 头（出栏）、蛋鸡≥500 羽（存栏）、肉鸡≥2 000 羽（出栏）。

调查指标包括畜禽养殖基本情况：饲养目的、畜禽种类、存栏量、出栏量、饲养阶段、各阶段存栏量、饲养周期等；污染物产生和排放情况：污水产生量、清粪方式、粪便和污水处理利用方式、粪便和污水处理利用量、排放去向等。畜禽养殖业污染源普查表见表 3-1。

表 3-1　畜禽养殖业污染源普查表

1-1. 养殖场名称				2-1. 养殖场编码	□□□□□□□-XC□□□□				
1-2. 养殖小区名称				2-2. 小区编码	□□□□□□□-XQ□□□			2-3. 包含户数	户
1-3. 养殖专业户				2-4. 专业户编码	□□□□□□□-XH□□□□□□				
3. 地址	____省（区、市）____地区（市、州、盟）____县（市、区、旗）____乡（镇）____村____组								
4. 行政区划代码	□□□□□□□-□□□-□□□			5. 负责人/户主		6. 联系电话			
7. 养殖场/小区/户占地面积	____m^2			8. 饲养目的	① 商品　② 种畜禽				
畜禽种类	猪			奶牛		肉牛	蛋鸡		肉鸡
9. 存栏量/（头、羽）									
10. 出栏量/（头、羽）				—			—		
饲养阶段	保　育	育成育肥	繁殖母猪	育成牛	成乳母牛	育肥牛	育雏育成	产蛋鸡	商品肉鸡
11. 各阶段存栏量/（头、羽）									
12. 饲养周期/d									
13. 清粪方式 ① 干清 ② 水冲 ③ 垫草垫料	□	□	□	□	□	□	□	□	□
污水	14. 污水日产生量	____（m^3/d）		15. 污水主要处理利用方式	① 灌溉农田 ② 生产沼气 ③ 排入鱼塘 ④ 沉淀 ⑤ 好氧处理 ⑥ 氧化塘 ⑦ 无处理、无利用 ⑧ 其他				
	16. 污水处理利用量	____（m^3/a）							
粪便	17. 粪便主要处理利用方式	① 施入农田 ② 生产沼气 ③ 有机肥 ④ 种植蘑菇 ⑤ 销售 ⑥ 无处理、无利用 ⑦ 其他							
	18. 粪便处理利用量	____（t/a）							
19. 污水粪便排放受纳水体名称				20. 受纳水体代码	□□□□□□□□□□□□				

3.1.2　核算方法和产排污系数

“一污普”畜禽养殖主要采取产排污系数法，即通过普查得到养殖场各类畜禽养殖的饲养量，再根据具体调查对象所适用的产污系数和排污系数，最终得到畜禽养殖的污染物负荷。

其中产污系数和排污系数考虑了不同区域、不同畜种、不同饲养阶段的产排污染特征，并在一定的参考体重下测定的数据，这种按饲养阶段给出的各种系数，结果比较准确。

从区域划分来看，“一污普”将全国分为华北区、东北区、华东区、中南区、西南区、西北区等 6 个区域。华北区，包括北京、天津、河北、山西和内蒙古 5 省（区、市）。该区域规模化养殖场、养殖小区和养殖专业户共存，由于水资源相对缺乏，清粪方式以干清粪为主，粪便、污水处理率较低。东北区，包括辽宁、吉林和黑龙江 3 省，该区域畜禽养殖数量多，粪便产生量大，且基本不进行处理，贮存后直接用于农田，用水量和污水排放量少。华东区，包括上海、江苏、浙江、安徽、福建、江西和山东等 7 省（市），该区域是我国规模养殖水平较高的地区，粪便处理利用方式包括沼气综合利用、环保处理后达标排放、简单堆积后农田利用以及直接排放等。该区域畜禽养殖数量大，但土地面积小、水网密布，与其他地区相比，污水排放量大，环境压力大。中南区包括河南、湖北、湖南、广东、广西和海南 6 省（区），该区规模化养殖水平高，5 万头以上的超大规模养猪场占全国的 1/3。该区域由于水资源丰富，清粪方式以水冲式为主，部分经过一定处理后排放、回用农田或池塘。西南区包括重庆、四川、贵州、云南、西藏 5 省（区、市），该区域生猪养殖量大，但规模化水平较低，以家庭饲养为主，粪便污水部分采用沼气处理，多数直接排放，容易随地表径流进入环境。西北区包括陕西、甘肃、青海、宁夏、新疆 5 省（区），该区域降雨少，气候干燥。奶牛和肉牛养殖以放牧和小区饲养为主，饲料主要为饲草和秸秆，饲养成本较低，奶牛粪便污水基本不进行处理，部分贮存后用于农田。

从饲养阶段来看，生猪分为保育、育肥、妊娠 3 种情况，奶牛分为育成牛和产奶牛 2 种情况，肉牛只有育肥牛 1 种情况，蛋鸡分为育雏育成和产蛋鸡 2 种情况，肉鸡只有商品肉鸡 1 种情况。

从污染去除方式来看，主要考虑粪便收集处理利用的方式，包括干清粪、水冲清粪、垫草垫料 3 种类型。对应不同区域、畜禽种类、养殖场类型、粪便收集利用方式，确定对应的产排污系数。

特别说明的是，“一污普”产排污系数手册中给出的产污系数和排污系数是根据不同畜禽在特定的饲养阶段和体重下测定的数据获得的，给出的系数是不同区域、不同畜种、不同饲养阶段，在一定的参考体重下产污系数和排污系数。如果各区域畜禽在每个阶段的平均体重与参考体重不符，可以按照如下公式进行折算：

$$\mathrm{FP(FD)_{site}}=\mathrm{FP(FD)_{default}} \times W_{\mathrm{site}}^{0.75} / W_{\mathrm{default}}^{0.75} \tag{3-1}$$

式中，$\mathrm{FP(FD)_{site}}$——折算后的产污系数（排污系数）；

$\mathrm{FP(FD)_{default}}$——产排污系数手册系数表中查出的产污系数（排污系数）；

W_{site}——动物实际体重，kg；

W_{default}——产排污系数手册给出的参考体重，kg。

同时为了便于区别粪便和尿液的COD，猪、奶牛和肉牛产污系数的COD指标包括固体粪便有机质可能转化成的COD量和尿液中的COD含量两部分。为了便于区别粪便和尿液的COD，“一污普”产排污系数手册在给出COD总量的同时，特别在COD指标下用括号的形式分别给出了粪便的COD和尿液的COD。

畜禽养殖产污系数见表3-2～表3-3。

表3-2 畜禽养殖产污系数（部分示例）

区域	动物种类	饲养阶段	参考体重/kg	污染物指标		单位	产污系数
华北区	生猪	保育	27	粪便量		kg/（头·d）	1.04
				尿液量		L/（头·d）	1.23
				污染物	COD	g/（头·d）	236.76（212.9+23.86）
					总氮	g/（头·d）	20.40
					总磷	g/（头·d）	3.48
					铜	mg/（头·d）	180.26
					锌	mg/（头·d）	238.44
		育肥	70	粪便量		kg/（头·d）	1.81
				尿液量		L/（头·d）	2.14
				污染物	COD	g/（头·d）	419.56（380.71+38.85）
					总氮	g/（头·d）	33.23
					总磷	g/（头·d）	6.06
					铜	mg/（头·d）	169.13
					锌	mg/（头·d）	281.70

区域	动物种类	饲养阶段	参考体重/kg	污染物指标		单位	产污系数
华北区	生猪	妊娠母猪	210	粪便量		kg/（头·d）	2.04
				尿液量		L/（头·d）	3.58
				污染物	COD	g/（头·d）	482.17（428.45+53.72）
					总氮	g/（头·d）	43.66
					总磷	g/（头·d）	9.93
					铜	mg/（头·d）	153.48
					锌	mg/（头·d）	278.96
	奶牛	育成牛	375	粪便量		kg/（头·d）	14.83
				尿液量		L/（头·d）	8.19
				污染物	COD	g/（头·d）	2 975.22（2 782.8+192.42）
					总氮	g/（头·d）	121.68
					总磷	g/（头·d）	14.31
					铜	mg/（头·d）	115.97
					锌	mg/（头·d）	783.36
		产奶牛	686	粪便量		kg/（头·d）	32.86
				尿液量		L/（头·d）	13.19
				污染物	COD	g/（头·d）	6 535.35（6 203.1+332.25）
					总氮	g/（头·d）	274.23
					总磷	g/（头·d）	38.27
					铜	mg/（头·d）	256.74
					锌	mg/（头·d）	1 800.99

表 3-3　畜禽养殖排污系数（部分示例）

区域	动物种类	饲养阶段	参考体重/kg	污染物指标	单位	清粪工艺	排污系数
华北区	生猪	保育	27	COD	g/（头·d）	干清粪	26.88
						水冲清粪	181.09
						垫草垫料	0.00
				总氮	g/（头·d）	干清粪	3.22
						水冲清粪	7.00
						垫草垫料	0.00
				总磷	g/（头·d）	干清粪	0.38
						水冲清粪	2.30
						垫草垫料	0.00

区域	动物种类	饲养阶段	参考体重/kg	污染物指标	单位	清粪工艺	排污系数
华北区	生猪	保育	27	铜	mg/（头·d）	干清粪	15.19
						水冲清粪	110.33
						垫草垫料	0.00
				锌	mg/（头·d）	干清粪	17.10
						水冲清粪	146.06
						垫草垫料	0.00
		育肥	70	COD	g/（头·d）	干清粪	30.78
						水冲清粪	281.35
						垫草垫料	0.00
				总氮	g/（头·d）	干清粪	5.34
						水冲清粪	12.93
						垫草垫料	0.00
				总磷	g/（头·d）	干清粪	0.43
						水冲清粪	3.61
						垫草垫料	0.00
				铜	mg/（头·d）	干清粪	6.10
						水冲清粪	105.70
						垫草垫料	0.00
				锌	mg/（头·d）	干清粪	17.51
						水冲清粪	194.19
						垫草垫料	0.00
		妊娠母猪	210	COD	g/（头·d）	干清粪	19.47
						水冲清粪	323.36
						垫草垫料	0.00
				总氮	g/（头·d）	干清粪	8.42
						水冲清粪	14.07
						垫草垫料	0.00
				总磷	g/（头·d）	干清粪	0.26
						水冲清粪	6.03
						垫草垫料	0.00
				铜	mg/（头·d）	干清粪	0.19
						水冲清粪	96.66
						垫草垫料	0.00
				锌	mg/（头·d）	干清粪	0.00
						水冲清粪	198.13
						垫草垫料	0.00

在使用产排污系数法核算污染物负荷时，确定适用的产污系数，根据养殖场所在位置确定需要查找的区域，然后在相应区域内查到相应畜种（猪、奶牛、肉牛、蛋鸡、肉鸡），在相应畜种下查到相对应的饲养阶段，从而确定适用的产污系数。在确定排污系数时，首先，需要确定畜禽的饲养方式（规模化养殖、养殖小区、养殖专业户）；其次，确定需要查找的区域，在相应区域内查到相应畜种（猪、奶牛、肉牛、蛋鸡、肉鸡），在相应畜种下再查到相对应的饲养阶段；最后，根据粪便收集处理利用方式，确定排污系数。

“一污普”畜禽养殖业主要调查规模化畜禽养殖场、养殖小区和养殖专业户，调查对象总数为 1 963 624 家，其中规模化畜禽养殖场 81 717 家，占调查对象总数的 4.2%；养殖小区 15 556 个，占调查对象总数的 0.79%；养殖专业户为 1 866 351 家，占调查对象总数的 95.05%。分别调查了全国生猪、奶牛、肉牛、蛋鸡和肉鸡的饲养数量。从普查结果来看，2007 年全国生猪的存栏量和出栏量分别为 13 890.9 万头和 25 618.57 万头；奶牛的饲养量为 527.65 万头；肉牛的存栏量为 313.63 万头，出栏量为 494.39 万头；蛋鸡的饲养量为 136 831.00 万羽；肉鸡的存栏量为 139 716.77 万羽，出栏量为 383 653.58 万羽。

表 3-4 “一污普”普查结果

区域	COD/t	氨氮/t	总氮/t	总磷/t	铜/kg	锌/kg
北京	50 690.26	531.03	5 486.89	695.49	11 645.58	14 915.35
天津	65 307.38	498.16	5 915.90	798.49	18 915.55	19 257.58
河北	585 020.12	2 973.62	42 852.82	6 873.41	151 068.94	175 938.47
山西	154 695.61	727.15	10 419.37	1 869.18	40 012.36	49 496.97
内蒙古	198 272.54	1 986.26	21 116.48	2 227.51	13 300.90	26 259.35
辽宁	674 807.22	10 562.92	71 296.74	8 674.30	146 508.10	272 937.64
吉林	236 160.27	6 308.39	35 086.71	2 970.30	52 610.94	95 055.08
黑龙江	514 512.39	8 778.79	69 799.48	4 881.67	51 275.44	111 104.92
上海	25 662.12	597.55	3 880.79	327.49	7 085.54	13 005.05
江苏	724 524.09	4 233.28	44 051.71	9 167.94	108 744.18	313 263.73
浙江	314 769.19	3 991.83	29 794.72	3 750.81	86 995.46	187 678.29
安徽	416 411.89	2 404.36	25 432.85	5 088.70	77 884.37	194 292.79
福建	551 634.01	6 274.86	49 618.71	6 807.11	209 259.29	404 476.19
江西	255 692.28	2 764.66	21 823.26	3 209.67	86 775.78	174 270.45
山东	3 577 282.31	6 167.68	138 981.99	44 887.25	234 398.52	946 799.75

区域	COD/t	氨氮/t	总氮/t	总磷/t	铜/kg	锌/kg
河南	1 186 479.74	23 197.07	141 557.93	19 466.07	270 545.42	499 522.96
湖北	319 773.44	5 561.16	35 042.08	4 515.48	75 028.00	135 170.88
湖南	605 865.11	9 006.15	54 504.84	6 983.40	155 886.35	234 185.37
广东	922 245.02	11 650.00	80 248.89	12 637.18	225 669.43	416 539.92
广西	298 897.46	5 565.89	32 681.52	3 797.38	71 768.25	122 077.41
海南	58 160.17	1 004.44	6 314.06	785.59	13 132.52	24 900.25
重庆	85 061.53	2 486.02	5 527.47	1 163.66	31 108.04	41 838.02
四川	334 732.94	8 984.66	20 364.87	4 286.55	122 559.56	163 843.13
贵州	39 938.03	1 104.87	2 631.25	481.44	12 483.44	18 543.34
云南	77 934.12	2 413.93	5 717.97	1 226.78	21 971.97	32 134.83
西藏	431.14	8.08	53.43	4.80	47.25	102.79
陕西	136 634.90	3 596.23	19 327.22	1 254.25	55 306.73	33 392.78
甘肃	63 447.35	1 885.83	11 572.11	537.73	17 294.12	11 470.12
青海	11 360.00	193.67	2 148.93	111.88	1 765.45	1 499.61
宁夏	59 930.39	463.24	8 902.78	233.16	4 128.31	5 529.16
新疆	136 271.91	2 385.00	22 610.51	699.01	22 055.65	17 439.70
合计	12 682 604.91	138 306.77	1 024 764.27	160 413.70	2 397 231.43	4 756 941.88

数据来源：第一次全国污染源普查数据集。

3.2 “十二五”环境统计

“十二五”规模化畜禽养殖是以“一污普”为基础进行的优化调整，以“一猪、二鸡（肉鸡、蛋鸡）、二牛（肉牛、奶牛）”的产排污系数体系，以出栏量（猪、肉牛、肉鸡）、存栏量（奶牛、蛋鸡）为统计基量进行核算。

3.2.1 调查对象及调查指标

畜禽养殖业以舍饲、半舍饲规模化的生猪、奶牛、肉牛、蛋鸡和肉鸡养殖单元为调查对象。同时采取两种调查方式：以县（区）为基本单位调查规模化养殖场、养殖小区和养殖专业户总体情况；对规模化养殖场和养殖小区逐户调查。

舍饲、半舍饲规模化畜禽养殖组织模式分为规模化养殖场、养殖小区和养殖专业户三种，划分依据为：

规模化养殖场/小区：生猪≥500 头（出栏）、奶牛≥100 头（存栏）、肉牛≥100 头（出栏）、蛋鸡≥10 000 羽（存栏）、肉鸡≥50 000 羽（出栏）。

养殖小区是指将分散经营的单一畜种的养殖户集中在一个区域内，具有完善的基础设施和配套服务、规范管理制度，按照统一规划、统一防疫、统一管理、统一服务、统一治污和专业化、规模化、标准化生产，并达到规定饲养数量的养殖区域。

养殖专业户：50 头≤生猪＜500 头（出栏）、5 头≤奶牛＜100 头（存栏）、10 头≤肉牛＜100 头（出栏）、500 羽≤蛋鸡＜10 000 羽（存栏）、2 000 羽≤肉鸡＜50 000 羽（出栏）。

畜禽养殖业的调查内容包括两部分：以县（区）为基本单位调查的内容是调查区域内规模化养殖场、养殖小区和养殖专业户的各类畜禽的养殖数量，以及主要污染物的产生量和排放量。其中，饲养量采用农业畜牧部门数据。规模化养殖场/小区发表调查的内容，包括畜禽养殖种类、饲养量、饲养周期、配套农业利用土地类型和面积、配套水产养殖面积、清粪方式、粪便利用方式、尿液/污水处理方式等。其中，饲养量根据调查规模化养殖场/小区实际情况确定。调查的污染物包括 COD、总氮、总磷、氨氮。

3.2.2　核算方法及产排污系数

“十二五”环境统计畜禽养殖污染负荷核算方法和产排污系数总体上延续“一污普”结果，同时，结合实施情况和日常环境统计工作特点进行了整合简化。

3.2.2.1　“十二五”畜禽养殖产污系数整合原则

（1）生猪按出栏量将保育段和育肥段按平均养殖时间（保育段按 65 天、育肥段按 80 天）汇总为出栏一头生猪的产污系数；母猪按存栏量给出产污系数，仔猪产污核算至母猪产污中（按一头母猪年产仔猪 20 头计算）。

母猪产污系数=日产污系数×365 天+仔猪产污系数×28 天×20 头

生猪产污系数=育肥猪日产污系数×80 天+保育猪日产污系数×65 天+母猪年产污系数/20 头

（2）肉鸡按出栏一只鸡给出产污系数，肉鸡平均养殖时间按 52 天计算。

肉鸡产污系数=肉鸡日产污系数×52 天

（3）蛋鸡按存栏量给出产污系数，育雏鸡、产蛋鸡按比例折算（按育雏鸡占比 30%，产蛋鸡占比 70%）。

蛋鸡产污系数=（育雏鸡日产污系数×30%+产蛋鸡日产污系数×70%）× 365

（4）肉牛按出栏一头牛给出产污系数，肉牛的养殖周期按 660 天计算。

肉牛产污系数=肉牛日产污系数×660 天

（5）奶牛按存栏量给出产污系数，育成牛、产奶牛按比例折算（按育成牛占比 35%，产奶牛占比 65%）。

奶牛产污系数=（育成牛日产污系数×35%+产奶牛产污系数×65%）× 365

3.2.2.2 “十二五”环境统计畜禽养殖产污系数结果

畜禽养殖产污量与养殖场管理和技术水平有一定的相关性，而养殖水平与管理水平受养殖规模影响，养殖规模越大，管理水平越高，产污量越小，但在一定区域范围内，各种规模养殖场全部存在，且各种规模之间比例变化不大。为简化核算，全国采用统一的产污系数（表 3-5）。

表 3-5 全国畜禽养殖业产污系数

品种	COD	总氮	总磷	氨氮	备注
猪/（kg/头）	36	3.7	0.56	1.8	出栏量
母猪/［(kg/（头·a)］	200	18	2.4	6.4	存栏量
奶牛/［(kg/（头·a)］	1 064	105.8	16.73	2.85	存栏量
肉牛/（kg/头）	712	70.8	8.96	2.52	出栏量
蛋鸡/［kg/（羽·a)］	3.32	0.5	0.12	0.1	存栏量
肉鸡/（kg/羽）	0.99	0.06	0.02	0.02	出栏量

注：该表中猪的产污系数包括保育段和育肥段两部分，母猪产污系数仅作为专业种猪场产排污量核算。

3.2.2.3 “十二五”环境统计畜禽养殖业排污系数体系

根据畜禽养殖业污染物排放的区域特征，形成典型畜禽养殖业污染处理、利用削减量为基础的排污系数体系。

排污系数 = 产污系数 − 产污系数 × 削减率

通过对各地区养殖情况的调查和分析发现，在一定地区内养殖污染物处理利用方式和处理水平有较大的相似性，总结出全国畜禽养殖业污染处理、利用削减主要方式如下：

三种清粪方式：干清粪、水冲粪、垫草垫料（生物发酵床）。

四种畜禽粪便处理方式：直接农业利用（还田、水产养殖、种植食用菌）、生产有机肥、生产沼气、无处理。

五种畜禽养殖尿液/污水处理方式：直接农业利用（还田、水产养殖）、厌氧处理、厌氧处理+好氧处理、厌氧处理+好氧处理+深度处理、无处理。

由于污染物治理设施削减效率受自然条件（降水量、温度）、管理水平和经济水平影响较大，不同地区污染治理设施削减污染物的效率存在较大差别。通过对全国不同地区、不同污染治理设施去除污染物削减效率实测和削减效率综合分析确定各地区主要污染治理设施削减比例。

3.2.2.4 “十二五”规模化畜禽养殖场产排污量核算方法

（1）产污量核算方法

采用产污系数法核算。根据畜禽养殖量（生猪以出栏量、母猪以存栏量、肉牛以出栏量、奶牛以存栏量、肉鸡以出栏量、蛋鸡以存栏量）与产污系数两者相乘，得出产污量。

产污量=养殖量（出栏量、存栏量）× 产污系数

（2）排污量核算

① 削减量核算，采用“组合累积扣减比例法”核算。通过调查确定各种养殖清粪方式的比例、粪便利用方式的比例、尿液/污水处理方式的比例，通过地区实测和规律分析，确定各种污染治理设施和综合利用方式对污染物削减的比例，以产污量为基础，确定削减量，从而求得排污量。

② 排污量，按产生量减去削减量的基本思路进行核算。

排污量=产生量–削减量

削减量=产污量×各种处理方式比例×对应处理方式削减比例

3.2.3　调查结果

2012—2015 年 COD、氨氮、总氮、总磷统计调查结果见表 3-6～表 3-9。

表 3-6 2012—2015 年 COD 排放量调查结果

单位：t

地区	2012 年			2013 年			2014 年			2015 年		
	合计	规模化畜禽养殖场/小区	养殖专业户	合计	规模化畜禽养殖场/小区	养殖专业户	合计	规模化畜禽养殖场/小区	养殖专业户	合计	规模化畜禽养殖场/小区	养殖专业户
全 国	10 989 581	3 794 478	7 195 103	10 717 497	3 470 302	7 247 195	10 491 100	3 373 949	7 117 151	10 155 319	3 130 233	7 025 086
北 京	74 459	42 799	31 660	70 884	39 224	31 660	68 368	36 708	31 660	67 384	35 724	31 660
天 津	98 484	33 471	65 013	94 746	29 733	65 013	90 234	25 221	65 013	87 644	22 631	65 013
河 北	909 530	416 218	493 312	885 773	435 762	450 011	861 827	438 944	422 883	820 247	380 254	439 993
山 西	180 377	78 378	102 000	174 326	73 382	100 944	168 845	67 808	101 037	158 954	65 246	93 708
内蒙古	618 462	145 460	473 001	607 864	135 341	472 523	592 582	180 120	412 462	590 705	168 620	422 084
辽 宁	850 201	167 539	682 663	836 715	149 290	687 425	825 172	146 294	678 878	803 481	129 062	674 419
吉 林	502 928	107 228	395 700	490 479	94 779	395 701	483 049	87 349	395 700	471 573	75 872	395 700
黑龙江	1 047 028	318 280	728 748	1 035 303	236 969	798 334	1 025 953	183 542	842 410	1 013 510	168 567	844 943
上 海	27 529	14 597	12 932	25 551	12 619	12 932	24 770	11 838	12 932	23 456	10 524	12 932
江 苏	332 085	112 365	219 720	322 808	103 372	219 436	311 640	102 211	209 429	299 161	91 262	207 900
浙 江	180 033	79 116	100 917	173 970	74 820	99 150	168 764	69 683	99 081	151 738	70 745	80 993
安 徽	371 195	187 477	183 717	356 998	177 362	179 637	351 128	167 348	183 779	341 055	160 396	180 659
福 建	181 277	83 459	97 817	175 227	76 109	99 118	171 992	72 268	99 724	167 458	68 417	99 041
江 西	226 047	114 704	111 343	219 501	108 158	111 343	215 345	104 031	111 315	207 719	101 755	105 964
山 东	1 334 861	385 724	949 137	1 286 298	336 870	949 428	1 251 911	305 048	946 863	1 200 311	315 678	884 633

地区	2012 年			2013 年			2014 年			2015 年		
	合计	规模化畜禽养殖场/小区	养殖专业户	合计	规模化畜禽养殖场/小区	养殖专业户	合计	规模化畜禽养殖场/小区	养殖专业户	合计	规模化畜禽养殖场/小区	养殖专业户
河　南	794 076	442 601	351 475	772 988	421 533	351 454	758 817	407 363	351 454	744 669	393 215	351 454
湖　北	333 759	152 033	181 726	323 087	141 465	181 622	314 394	132 771	181 622	285 871	119 995	165 877
湖　南	532 016	183 829	348 186	524 816	179 590	345 226	518 541	172 380	346 160	514 605	168 590	346 015
广　东	485 556	168 162	317 394	466 815	150 915	315 900	443 518	163 333	280 184	424 694	124 279	300 415
广　西	203 275	56 419	146 856	198 098	50 070	148 027	192 003	45 147	146 855	183 568	41 713	146 856
海　南	89 800	22 191	67 609	87 454	22 095	65 358	86 052	20 632	65 420	85 261	24 785	60 476
重　庆	120 774	39 985	80 790	118 213	37 589	80 624	116 918	36 294	80 624	114 661	34 037	80 624
四　川	531 728	193 366	338 362	520 749	154 493	366 256	510 584	167 897	342 687	485 040	164 691	320 349
贵　州	62 115	17 404	44 712	60 528	15 715	44 813	58 265	12 519	45 747	55 932	11 983	43 949
云　南	71 075	19 156	51 919	69 188	17 085	52 104	68 280	16 578	51 703	65 016	15 210	49 806
西　藏	3 855	436	3 419	4 051	632	3 419	5 389	973	4 416	5 493	2 905	2 588
陕　西	195 713	80 285	115 428	191 037	69 837	121 200	188 001	72 972	115 030	183 662	62 517	121 146
甘　肃	144 396	17 433	126 963	141 259	15 460	125 799	138 553	19 174	119 379	133 410	14 487	118 924
青　海	22 422	6 862	15 560	22 066	7 685	14 381	21 821	7 863	13 958	21 353	7 995	13 358
宁　夏	99 203	24 096	75 107	98 731	23 622	75 109	98 687	23 581	75 105	99 458	26 526	72 933
新　疆	365 323	83 407	281 917	361 975	78 726	283 249	359 697	76 059	283 638	343 228	52 552	290 676

表 3-7　2012—2015 年氨氮排放量调查结果

单位：t

地区	2012 年			2013 年			2014 年			2015 年		
	合计	规模化畜禽养殖场/小区	养殖专业户	合计	规模化畜禽养殖场/小区	养殖专业户	合计	规模化畜禽养殖场/小区	养殖专业户	合计	规模化畜禽养殖场/小区	养殖专业户
全　国	631 250	347 878	283 372	604 050	321 922	282 127	580 099	302 874	277 225	552 178	277 843	274 335
北　京	4 172	3 000	1 172	3 944	2 772	1 171	3 682	2 511	1 171	3 551	2 379	1 171
天　津	4 744	2 047	2 697	4 442	1 749	2 693	4 104	1 407	2 697	3 930	1 233	2 697
河　北	38 318	21 748	16 570	36 529	21 216	15 313	35 054	21 444	13 610	32 290	18 281	14 009
山　西	9 711	5 897	3 815	9 301	5 545	3 756	9 045	5 320	3 725	8 546	5 065	3 481
内蒙古	9 038	4 259	4 778	8 633	3 804	4 828	8 180	3 667	4 513	7 913	3 603	4 310
辽　宁	30 830	12 431	18 399	30 165	10 316	19 849	29 153	9 759	19 395	28 122	8 976	19 146
吉　林	14 905	5 931	8 973	14 215	5 242	8 973	13 701	4 727	8 973	12 871	3 898	8 973
黑龙江	26 275	9 993	16 282	25 532	9 112	16 420	24 900	7 825	17 075	25 175	6 467	18 708
上　海	2 507	1 632	875	2 243	1 368	875	2 096	1 221	875	1 994	1 119	875
江　苏	23 615	9 772	13 843	22 749	8 934	13 815	22 104	8 620	13 484	21 107	7 818	13 289
浙　江	19 828	12 684	7 144	18 707	11 611	7 096	17 719	10 696	7 023	15 581	10 255	5 326
安　徽	28 245	18 857	9 388	27 249	18 021	9 228	26 697	17 598	9 099	25 577	16 695	8 881
福　建	22 407	13 742	8 665	21 176	12 821	8 355	20 456	12 234	8 222	19 674	11 442	8 233
江　西	23 940	17 836	6 104	22 944	16 840	6 104	22 111	16 008	6 103	22 146	15 223	6 923
山　东	64 431	31 063	33 368	61 380	26 991	34 388	58 970	24 556	34 414	55 414	23 421	31 994

地区	2012 年			2013 年			2014 年			2015 年		
	合计	规模化畜禽养殖场/小区	养殖专业户	合计	规模化畜禽养殖场/小区	养殖专业户	合计	规模化畜禽养殖场/小区	养殖专业户	合计	规模化畜禽养殖场/小区	养殖专业户
河 南	58 693	44 025	14 668	55 746	41 085	14 661	54 071	39 410	14 661	52 364	37 703	14 661
湖 北	31 633	20 038	11 594	30 204	18 628	11 576	28 898	17 323	11 576	25 337	14 490	10 847
湖 南	53 413	30 577	22 836	52 088	29 288	22 800	50 796	27 944	22 851	49 950	27 273	22 677
广 东	45 477	26 787	18 690	42 585	24 039	18 546	38 120	21 163	16 958	34 644	17 554	17 090
广 西	16 651	8 008	8 643	15 969	7 245	8 724	14 934	6 290	8 644	14 410	5 767	8 644
海 南	6 129	2 480	3 649	5 447	2 235	3 212	5 300	2 188	3 112	5 205	2 452	2 753
重 庆	10 477	5 874	4 603	10 031	5 438	4 594	9 766	5 173	4 594	9 521	4 928	4 594
四 川	47 410	22 382	25 027	45 910	21 817	24 093	44 222	20 616	23 606	42 284	20 056	22 228
贵 州	4 025	1 787	2 238	3 883	1 512	2 371	3 620	1 421	2 198	3 399	1 210	2 188
云 南	4 154	2 282	1 872	3 830	1 952	1 877	3 659	1 790	1 868	3 355	1 595	1 760
西 藏	50	22	28	85	56	28	106	54	52	107	89	18
陕 西	12 324	5 692	6 632	11 696	5 579	6 117	11 501	5 364	6 137	11 285	4 997	6 288
甘 肃	4 098	1 109	2 988	3 837	850	2 987	3 776	842	2 934	3 647	760	2 887
青 海	749	452	297	729	462	267	688	435	252	663	453	210
宁 夏	1 634	598	1 036	1 573	565	1 008	1 536	556	980	1 422	490	932
新 疆	11 368	4 872	6 496	11 228	4 828	6 400	11 135	4 711	6 424	10 694	2 151	8 543

表 3-8　2012—2015 年总氮排放量调查结果

单位：t

地区	2012 年			2013 年			2014 年			2015 年		
	合计	规模化畜禽养殖场/小区	养殖专业户	合计	规模化畜禽养殖场/小区	养殖专业户	合计	规模化畜禽养殖场/小区	养殖专业户	合计	规模化畜禽养殖场/小区	养殖专业户
全　国	2 853 902	1 424 957	1 428 945	2 774 191	1 417 464	1 359 031	2 890 427	1 545 477	1 344 950	2 975 479	1 628 595	1 346 884
北　京	23 688	18 452	5 236	22 446	17 468	4 978	28 229	18 549	9 680	24 025	18 789	5 236
天　津	21 528	10 305	11 224	24 789	13 556	11 232	25 487	14 263	11 224	24 664	13 356	11 308
河　北	225 778	154 014	71 763	226 359	156 659	69 699	250 737	181 203	69 534	249 295	171 580	77 715
山　西	47 752	30 119	17 633	46 733	29 947	16 786	56 067	39 272	16 796	55 794	39 329	16 465
内蒙古	241 555	41 729	199 826	128 030	44 201	83 829	162 263	89 183	73 080	162 753	89 184	73 570
辽　宁	184 319	68 045	116 274	184 028	63 898	120 130	188 579	68 897	119 683	188 490	77 184	111 306
吉　林	108 659	50 422	58 238	108 404	50 166	58 238	109 680	51 443	58 238	105 727	47 486	58 242
黑龙江	219 727	82 047	137 679	239 702	74 940	164 763	236 795	81 164	155 631	260 833	75 605	185 228
上　海	9 192	6 728	2 464	9 295	6 831	2 464	8 705	6 241	2 464	9 317	6 853	2 464
江　苏	78 995	38 489	40 506	78 732	38 225	40 506	79 130	38 582	40 548	77 895	37 138	40 757
浙　江	48 716	28 165	20 550	50 746	30 172	20 574	52 899	32 144	20 756	41 389	25 036	16 353
安　徽	89 424	57 758	31 666	88 023	57 333	31 631	89 089	57 423	31 666	89 340	57 651	31 690
福　建	56 295	33 998	22 297	56 968	34 720	22 248	53 805	31 523	22 282	52 140	29 858	22 282
江　西	70 657	50 114	20 543	68 402	47 859	20 543	69 268	48 725	20 543	69 408	44 094	25 314
山　东	299 154	157 883	141 272	306 032	154 079	152 221	310 900	154 490	156 410	414 108	266 123	147 985

地区	2012 年			2013 年			2014 年			2015 年		
	合计	规模化畜禽养殖场/小区	养殖专业户	合计	规模化畜禽养殖场/小区	养殖专业户	合计	规模化畜禽养殖场/小区	养殖专业户	合计	规模化畜禽养殖场/小区	养殖专业户
河　南	267 244	210 777	56 467	265 060	207 832	57 229	275 758	218 483	57 274	275 205	217 855	57 350
湖　北	102 688	67 452	35 236	102 336	67 087	35 249	101 987	66 738	35 249	97 410	63 010	34 399
湖　南	147 498	76 851	70 647	147 684	76 552	71 474	150 591	78 724	71 866	150 095	77 963	72 131
广　东	114 671	56 827	57 845	113 745	56 263	57 482	109 751	55 701	54 050	107 710	52 130	55 581
广　西	46 900	19 789	27 111	47 830	20 154	27 676	47 060	19 949	27 111	45 909	19 788	27 121
海　南	18 747	6 478	12 269	17 907	6 754	11 713	18 430	6 783	11 647	19 527	8 412	11 115
重　庆	31 695	16 518	15 177	31 387	16 241	15 146	31 911	16 766	15 146	31 366	15 867	15 498
四　川	146 407	71 279	75 128	147 113	72 056	75 058	145 058	70 681	74 377	144 624	72 308	72 316
贵　州	14 891	5 821	9 071	13 944	5 166	8 779	15 023	5 818	9 205	15 557	5 459	10 098
云　南	16 918	8 154	8 764	16 887	8 123	8 764	17 907	9 142	8 764	17 233	8 885	8 348
西　藏	813	133	680	879	199	680	1 301	372	928	2 365	1 369	995
陕　西	36 073	19 314	16 758	45 843	22 631	23 211	50 265	27 062	23 203	50 404	26 884	23 520
甘　肃	26 963	6 053	20 911	26 699	6 124	20 768	30 685	9 740	20 946	30 794	9 848	20 946
青　海	5 235	2 238	2 997	5 720	2 623	3 097	6 484	3 630	2 854	6 555	3 877	2 678
宁　夏	21 496	8 743	12 752	21 555	8 803	12 752	25 011	12 258	12 752	30 243	17 493	12 750
新　疆	130 225	20 265	109 960	130 913	20 802	110 111	141 570	30 528	111 042	124 304	28 180	96 124

表 3-9　2012—2015 年总磷排放量调查结果

单位：t

地区	2012 年			2013 年			2014 年			2015 年		
	合计	规模化畜禽养殖场/小区	养殖专业户	合计	规模化畜禽养殖场/小区	养殖专业户	合计	规模化畜禽养殖场/小区	养殖专业户	合计	规模化畜禽养殖场/小区	养殖专业户
全　国	363 301	202 877	160 424	358 005	201 892	156 411	410 599	254 748	155 851	425 309	269 940	155 370
北　京	3 850	3 114	736	3 529	2 825	703	4 244	3 173	1 071	3 924	3 188	736
天　津	2 666	1 413	1 254	3 452	2 197	1 255	3 720	2 467	1 254	3 624	2 336	1 288
河　北	31 042	22 016	9 026	31 593	22 768	8 925	39 610	30 759	8 851	38 805	29 350	9 455
山　西	5 946	3 988	1 958	5 799	3 956	1 843	8 317	6 430	1 887	8 651	6 752	1 899
内蒙古	19 214	4 256	14 958	11 059	4 542	6 517	19 997	14 284	5 713	20 003	14 266	5 736
辽　宁	26 126	10 859	15 267	25 423	10 172	15 252	27 508	11 360	16 148	27 147	12 933	14 213
吉　林	14 712	7 530	7 182	14 523	7 441	7 182	14 890	7 708	7 182	14 264	7 082	7 182
黑龙江	21 498	9 176	12 322	23 330	8 635	14 695	25 932	12 541	13 391	27 227	11 676	15 551
上　海	1 301	928	373	1 312	939	373	1 448	1 075	373	1 550	1 178	373
江　苏	12 631	6 875	5 756	12 342	6 586	5 756	12 813	7 192	5 621	12 539	6 889	5 650
浙　江	6 602	3 961	2 641	6 688	4 113	2 575	7 650	4 989	2 662	6 538	4 322	2 216
安　徽	14 261	9 599	4 662	13 952	9 449	4 659	14 387	9 726	4 661	14 477	9 814	4 663
福　建	7 197	4 913	2 284	7 561	5 282	2 279	7 982	5 700	2 282	7 695	5 412	2 282
江　西	9 155	6 489	2 666	8 751	6 084	2 667	10 698	8 032	2 666	11 465	7 082	4 383
山　东	46 785	25 929	20 856	47 991	25 818	22 209	49 552	26 487	23 064	67 332	45 458	21 874

地区	2012年			2013年			2014年			2015年		
	合计	规模化畜禽养殖场/小区	养殖专业户	合计	规模化畜禽养殖场/小区	养殖专业户	合计	规模化畜禽养殖场/小区	养殖专业户	合计	规模化畜禽养殖场/小区	养殖专业户
河 南	40 322	32 671	7 650	39 656	31 914	7 742	43 008	35 259	7 749	42 731	34 976	7 755
湖 北	14 903	10 628	4 275	14 827	10 550	4 277	15 568	11 291	4 277	14 805	10 629	4 177
湖 南	16 580	9 255	7 325	16 546	9 187	7 394	19 991	12 560	7 432	19 903	12 450	7 454
广 东	14 723	5 623	9 100	14 638	5 571	9 066	18 189	9 438	8 751	17 821	8 857	8 964
广 西	6 473	2 505	3 968	6 632	2 561	4 071	7 343	3 375	3 968	7 312	3 343	3 969
海 南	2 499	951	1 549	2 438	991	1 503	2 632	1 187	1 444	2 779	1 409	1 369
重 庆	4 155	2 344	1 811	4 071	2 263	1 807	4 568	2 761	1 807	4 465	2 632	1 834
四 川	17 267	9 388	7 880	17 267	9 389	7 878	19 128	11 343	7 785	19 169	11 568	7 601
贵 州	1 531	694	837	1 617	664	952	1 864	969	895	1 841	903	937
云 南	2 168	1 093	1 075	2 154	1 079	1 075	2 597	1 523	1 075	2 511	1 491	1 019
西 藏	67	15	52	73	22	52	135	63	71	309	233	75
陕 西	4 293	2 733	1 560	5 090	2 798	2 292	6 717	4 425	2 292	6 737	4 421	2 316
甘 肃	2 457	699	1 758	2 432	704	1 744	3 238	1 478	1 760	3 259	1 499	1 760
青 海	466	240	226	539	303	236	762	545	217	791	587	205
宁 夏	1 735	757	978	1 747	770	977	2 897	1 920	977	3 794	2 817	977
新 疆	10 675	2 233	8 442	10 774	2 320	8 455	13 215	4 692	8 524	11 844	4 387	7 457

3.3 “十三五”环境统计衔接“二污普”前

3.3.1 调查对象及调查指标

大型畜禽养殖场以舍饲、半舍饲规模化的生猪、奶牛、肉牛、蛋鸡和肉鸡养殖单元为调查对象。调查内容包括畜禽养殖场基本情况、畜禽养殖种类、饲养量、饲料使用量、固肥和液肥产生和利用量、利用方式等。调查的污染物包括COD、总氮、总磷、氨氮。

大型畜禽养殖场规模为：生猪≥5 000 头（出栏）、奶牛≥500 头（存栏）、肉牛≥1 000 头（出栏）、蛋鸡≥15 万羽（存栏）、肉鸡≥30 万羽（出栏）。

3.3.2 产污量核算体系

蛋鸡、肉鸡养殖只涉及排泄粪便，没有尿液产生，而且在养殖中很少对栏舍进行冲洗，一般只在对圈舍进行消毒等处理时产生少量污水，且产生的污水中污染物浓度较低，故统计中不考虑污水部分；猪、奶牛、肉牛养殖中不仅有尿液产生，而且在养殖中存在不同程度的圈舍冲洗，养殖废弃物包括固体（粪便）和液体（尿液和冲洗水）两部分。大型规模化畜禽养殖场养殖水平相差不大，养殖周期和时间也基本一致，单位畜禽粪便和尿液的产生量基本一致，粪便和尿液中各类污染物含量水平也基本相同。因此，可根据单位畜禽粪便、尿液产生量系数和粪便、尿液中污染物含量系数估算出单位畜禽污染物产生量。

产污量=养殖量×（粪便产生系数×粪便中污染物含量系数+尿液产生系数×尿液中污染物含量系数）

3.3.3 排污量核算体系

畜禽养殖粪便主要通过农业施肥方式得到资源化利用，污水主要有储存利用、厌氧处理后农业利用、处理后循环利用、处理后达标排放等方式。粪便施肥利用、污水储存利用、厌氧处理农业利用均可按使用的比例核减污染物排放量。污水处理后达标排放也仍存在污染物的排放情况，故采用通过确定治理设施对污染物的去除效率估算排污量的方式较为准确。但当前，我国大部分养殖场污染治理设施并没有对外排污水进行日常监测。为简化核算程序，统一按《畜禽养殖业污染物排放标准》（GB 18596—2001）中各污染物排放浓度的限值估算各污染物的排放量。

现有公布的大型规模化畜禽养殖场废弃物产生及处理利用情况环境统计调查制度确定的调查信息中，没有对养殖场清粪方式的调查，而实际养殖中圈舍冲洗用水量部分，各养殖场存在较大差异：采用干清粪方式的养殖场用水量少，固体粪便产生量大，污水中污染物浓度低；而采用水冲粪、水泡粪方式清理的养殖场污水产生量大，固体粪便产生量少，污水中污染物浓度高。因单位粪畜粪便与尿液产生量相对固定，故确定养殖量后，可以通过单位畜禽粪便产生系数计算出理论粪便产生量，理论粪便产生量与实际产生量之差是进入污水系统中污染物的量；通过尿液中污染物产生量与进入污水中粪便污染物的量，即可计算出污水中污染物总的产生量；对于采用资源化利用方式的，通过计算污水排放率估算出污染物排放量；对于采用处理后达标排放的，通过污水排放量与《畜禽养殖业污染物排放标准》（GB 18596—2001）各污染物排放浓度限值估算排放量。

污染物排放量=粪便污染物排放量+污水污染物排放量

粪便污染物排放量=粪便污染物含量系数 ×（粪便产生量 － 粪便利用量）

污水污染物产生量=养殖量×尿液产生量系数×尿液污染物含量系数
+（理论粪便产生量 － 实际粪便产生量）× 粪便污染物含量系数

污水资源化利用方式：

污水污染物排放量=污水污染物产生量 ×（污水产生量 － 污水利用量）/污水产生量

污水达标排放方式：

污水污染物排放量=污水产生量×C 各污染物浓度限值

表 3-10 《畜禽养殖业污染物排放标准》主要污染浓度限值

污染指标	COD	总氮	总磷	氨氮
浓度限值	400 mg/L	—	8 mg/L	80 mg/L

注：《畜禽养殖业污染物排放标准》（GB 18596—2001）中没有总氮指标，根据总氮与氨氮比例关系及日常监测处理后养殖排水中总氮浓度值初步确定按 260 mg/L 计。

为便于全面直观地掌握核算体系，对中大型规模化畜禽养殖产排污量核算过程作出技术路线示意图（图 3-1）。

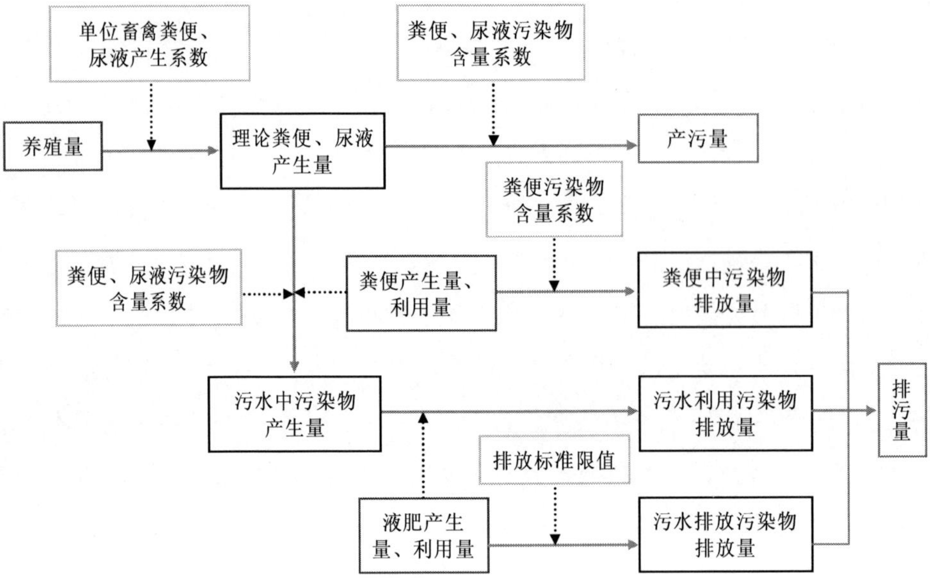

图 3-1 环境统计中大型规模化畜禽养殖产排污量核算技术路线示意图

3.3.4 调查结果

2016—2019 年畜禽养殖 COD、氨氮、总氮、总磷排放量调查结果见表 3-11～表 3-14。

表 3-11 2016—2019 年 COD 排放量调查结果 单位：t

地区	2016 年	2017 年	2018 年	2019 年
全　国	571 053	317 661	245 404	186 126
北　京	19 927	8 799	3 611	2 753
天　津	14 749	11 842	10 886	9 808
河　北	64 966	29 583	18 986	6 220
山　西	7 608	9 071	6 116	7 183
内蒙古	5 611	3 356	2 089	678
辽　宁	10 915	766	381	3 800
吉　林	781	532	683	2 637
黑龙江	6 703	10 511	7 296	2 973
上　海	2 846	1 765	2 679	2 222
江　苏	46 058	18 747	12 526	9 288
浙　江	30 269	5 168	2 531	1 916
安　徽	10 003	6 152	5 911	3 058
福　建	29 225	11 277	5 562	4 876

地区	2016 年	2017 年	2018 年	2019 年
江　西	53 770	18 813	18 629	9 812
山　东	40 579	29 911	9 425	1 797
河　南	27 112	6 773	4 552	6 188
湖　北	11 485	6 257	4 420	2 126
湖　南	17 968	7 844	10 054	6 472
广　东	19 077	23 105	12 446	8 900
广　西	21 618	7 256	7 605	5 758
海　南	7	7	28	83
重　庆	174	116	0	74
四　川	2 059	6 011	555	501
贵　州	4 980	1 723	1 701	883
云　南	3 958	1 766	702	1 295
西　藏	0	0	449	581
陕　西	5 176	4 376	703	761
甘　肃	4 164	2 700	1 148	661
青　海	38	15	143	0
宁　夏	49 699	46 076	52 241	57 312
新　疆	59 527	37 343	41 347	25 512

表 3-12　2016—2019 年氨氮排放量调查结果　　单位：t

地区	2016 年	2017 年	2018 年	2019 年
全　国	12 535	6 576	4 810	3 683
北　京	225	76	48	31
天　津	89	147	89	85
河　北	878	439	231	148
山　西	92	95	37	117
内蒙古	58	15	13	13
辽　宁	158	10	7	33
吉　林	36	42	31	34
黑龙江	59	40	66	9
上　海	82	118	58	67
江　苏	1 076	696	505	429
浙　江	770	418	357	287
安　徽	70	160	115	52
福　建	1 457	486	218	208
江　西	2 768	1 044	1 040	640
山　东	386	240	95	34
河　南	402	157	117	149
湖　北	533	303	224	105
湖　南	708	281	255	184
广　东	562	570	451	337

地区	2016年	2017年	2018年	2019年
广　西	492	157	138	107
海　南	2	1	3	1
重　庆	31	3	0	1
四　川	98	191	10	9
贵　州	136	39	49	42
云　南	100	22	18	39
西　藏	0	0	17	9
陕　西	157	67	46	23
甘　肃	9	6	3	0
青　海	0	1	1	0
宁　夏	216	223	203	240
新　疆	887	528	365	250

表 3-13　2016—2019 年总氮排放量调查结果　　单位：t

地区	2016年	2017年	2018年	2019年
全　国	40 907	22 859	17 691	13 386
北　京	1 245	497	222	164
天　津	737	680	534	515
河　北	4 258	1 973	1 249	532
山　西	467	452	301	406
内蒙古	377	184	116	67
辽　宁	656	42	24	210
吉　林	70	95	95	113
黑龙江	421	572	447	153
上　海	285	225	211	203
江　苏	3 185	1 586	1 130	923
浙　江	2 303	829	638	494
安　徽	562	495	435	210
福　建	3 073	1 130	584	485
江　西	5 735	2 165	2 160	1 303
山　东	1 657	1 376	527	185
河　南	1 664	502	357	451
湖　北	1 217	756	594	296
湖　南	1 625	695	766	509
广　东	1 687	1 806	1 142	856
广　西	1 367	535	508	403
海　南	4	4	6	5
重　庆	44	11	0	5
四　川	207	504	37	34
贵　州	375	120	137	110
云　南	270	106	52	101

地区	2016 年	2017 年	2018 年	2019 年
西　藏	0	0	41	36
陕　西	382	282	87	62
甘　肃	206	140	61	30
青　海	2	2	7	0
宁　夏	2 916	2 649	2 828	3 075
新　疆	3 912	2 445	2 395	1 452

表 3-14　2016—2019 年总磷排放量调查结果　　单位：t

地区	2016 年	2017 年	2018 年	2019 年
全　国	6 273	3 096	2 307	1 821
北　京	165	99	42	34
天　津	167	145	134	124
河　北	599	283	160	57
山　西	96	106	59	94
内蒙古	49	24	16	6
辽　宁	118	11	5	35
吉　林	10	7	7	31
黑龙江	56	77	44	25
上　海	25	23	17	15
江　苏	550	213	159	98
浙　江	413	52	33	25
安　徽	46	45	42	23
福　建	438	168	79	78
江　西	830	286	286	148
山　东	424	299	109	18
河　南	277	75	68	86
湖　北	156	89	70	33
湖　南	268	113	146	99
广　东	237	296	176	129
广　西	281	93	90	61
海　南	0	0	0	1
重　庆	2	1	0	1
四　川	28	65	7	7
贵　州	61	20	23	14
云　南	47	22	7	14
西　藏	0	0	6	8
陕　西	68	52	10	11
甘　肃	32	3	2	7
青　海	0	0	2	0
宁　夏	404	179	269	349
新　疆	426	251	237	189

3.4 第二次全国污染源普查

3.4.1 普查对象和调查指标

普查的畜禽养殖业的规模范围为，生猪全年出栏量≥50 头、奶牛年末存栏量≥5 头、肉牛全年出栏量≥10 头、蛋鸡年末存栏量≥500 羽、肉鸡全年出栏量≥2 000 羽。其中畜禽规模养殖场的规模范围为，生猪全年出栏量≥500 头、奶牛年末存栏量≥100 头、肉牛全年出栏量≥50 头、蛋鸡年末存栏量≥2 000 羽、肉鸡全年出栏量≥10 000 羽。

调查内容按规模化养殖场和规模以下养殖户区分。规模养殖场基本情况调查指标包括养殖场名称、畜禽种类、存/出栏数量、养殖设施类型、饲养周期、饲料投入情况等。养殖规模与粪污处理情况调查指标包括养殖量，废水处理方式、利用去向及利用量，粪便处理方式、利用去向及利用量，以及配套利用农田面积等。规模以下养殖户调查内容包括县（区、市、旗）不同畜禽种类养殖户数量、存/出栏数量，不同清粪方式、不同粪便与污水处理方式下的养殖量占该类畜禽养殖总量的比例、配套利用农田面积等。废水污染物包括 COD、氨氮、总氮、总磷。具体调查指标见表 3-15 和表 3-16。

表 3-15 规模畜禽养殖场基本情况

01.统一社会信用代码	□□□□□□□□□□□□□□□□□□□□□□（□□） 尚未领取统一社会信用代码的填写原组织机构代码号：□□□□□□□□□□（□□）
02.养殖场名称及曾用名	养殖场名称： 曾用名：
03.法定代表人	
04.区划代码	□□□□□□□□□□□□
05.详细地址	________省（自治区、直辖市）________地（区、市、州、盟）________县（区、市、旗）________乡（镇）________街（村）、门牌号
06.企业地理坐标	经度：______度______分______秒 纬度：______度______分______秒
07.联系方式	联系人： 电话号码：
08.养殖种类	□ 1 生猪 □ 2 奶牛 □ 3 肉牛 □ 4 蛋鸡 □ 5 肉鸡 （可多选）
09.圈舍清粪方式	□ 1 人工干清粪 □ 2 机械干清粪 □ 3 垫草垫料 □ 4 高床养殖 □ 5 水冲粪 □ 6 水泡粪
10.圈舍通风方式	□ 1 封闭式 □ 2 开放式

<table>
<tr><td rowspan="3">11.原水存储设施</td><td>设施类型 □ 1 土坑 □ 2 砖池 □ 3 水泥池 □ 4 贴膜防渗池</td></tr>
<tr><td>池口方式 □ 1 封闭式 □ 2 开放式 □ 如为开放式，池口面积：________m^2</td></tr>
<tr><td>容积：______m^3</td></tr>
<tr><td>12.尿液废水处理工艺</td><td>□□□□□□□□□□□□
1 固液分离 2 肥水贮存 3 厌氧发酵 4 好氧处理 5 液体有机肥生产
6 氧化塘处理 7 人工湿地 8 膜处理 9 无处理 10 其他（请注明）
______________（可多选，按工艺流程填序号）</td></tr>
<tr><td>13.尿液废水处理设施</td><td>□ 1 固液分离机 □ 2 沼液贮存池 □ 3 厌氧发酵池/罐 □ 4 好氧池/曝气池
□ 5 场内液肥生产线 □ 6 氧化塘 □ 7 多级沉淀池 □ 8 膜处理装置
□ 9 其他（请注明）____________（可多选）</td></tr>
<tr><td>14.尿液废水处理利用方式及比例</td><td>□ 1 肥水利用____% □ 2 沼液还田____% □ 3 场内生产液体有机肥____%
□ 4 异位发酵床____% □ 5 鱼塘养殖____% □ 6 场区循环利用____%
□ 7 委托处理____% □ 8 达标排放____% □ 9 直接排放____% □ 10 其他（请注明）______________（可多选）</td></tr>
<tr><td>15.粪便存储设施</td><td>是否防雨 □ 1.是 □ 2.否
是否防渗 □ 1.是 □ 2.否 容积：_______m^3</td></tr>
<tr><td>16.粪便处理工艺</td><td>□ 1 堆肥发酵 □ 2 有机肥生产 □ 3 生产沼气 □ 4 生产垫料
□ 5 生产基质 □ 6 其他（请注明）______________</td></tr>
<tr><td>17.粪便处理利用方式及比例</td><td>□ 1 农家肥____% □ 2 场内生产有机肥____% □ 3 沼渣还田____%
□ 4 生产牛床垫料____% □ 5 作为栽培基质____% □ 6 作为燃料____%
□ 7 鱼塘养殖____% □ 8 委托处理____% □ 9 场外丢弃____% □ 10 其他（请注明）______________（可多选）</td></tr>
<tr><td>18.污水排放受纳水体</td><td>受纳水体名称：________________________
受纳水体代码：________________________（如无废水外排，不填）</td></tr>
<tr><td>19.养殖场是否有锅炉</td><td>□ 1 是 □ 2 否
注：选择“是”，须按照非工业企业单位锅炉污染及防治情况 S103 表填报锅炉信息</td></tr>
</table>

<table>
<tr><td rowspan="2">指标名称</td><td rowspan="2">计量单位</td><td rowspan="2">代码</td><td colspan="3">指标值</td></tr>
<tr><td colspan="3">饲养阶段</td></tr>
<tr><td>甲</td><td>乙</td><td>丙</td><td>1</td><td>2</td><td>3</td></tr>
<tr><td>饲养阶段名称</td><td>—</td><td>20</td><td></td><td></td><td></td></tr>
<tr><td>饲养阶段代码</td><td>—</td><td>21</td><td></td><td></td><td></td></tr>
<tr><td>存栏量</td><td>头（羽）</td><td>22</td><td></td><td></td><td></td></tr>
<tr><td>体重范围</td><td>kg /头（羽）</td><td>23</td><td></td><td></td><td></td></tr>
<tr><td>采食量</td><td>kg /［d·头（羽）］</td><td>24</td><td></td><td></td><td></td></tr>
<tr><td>饲养周期</td><td>d</td><td>25</td><td></td><td></td><td></td></tr>
</table>

单位负责人： 统计负责人（审核人）： 填表人： 报出日期：20 年 月 日

说明：1. 本表由辖区内规模畜禽养殖场填报；

2. 饲养阶段名称及代码：生猪分为能繁母猪（代码：Z1）、保育猪（代码：Z2）、育成育肥猪（代码：Z3）3 个阶段，奶牛分为成乳牛（代码：N1）、育成牛（代码：N2）、犊牛（代码：N3）3 个阶段，肉牛分母牛（代码：R1）、育成育肥牛（代码：R2）、犊牛（代码：R3）3 个阶段，蛋鸡分育雏育成鸡（代码：J1）和产蛋鸡（代码：J2）2 个阶段，肉鸡（代码：J3）1 个阶段。

表 3-16　规模畜禽养殖场养殖规模与粪污处理情况

指标名称	计量单位	代码	指标值
甲	乙	丙	1
一、生产设施	—	—	—
圈舍建筑面积	m^2	01	
二、养殖量	—	—	—
生猪（全年出栏量）	头	02	
奶牛（年末存栏量）	头	03	
肉牛（全年出栏量）	头	04	
蛋鸡（年末存栏量）	羽	05	
肉鸡（全年出栏量）	羽	06	
三、污水和粪便产生及利用情况	—	—	—
污水产生量	t/a	07	
污水利用量	t/a	08	
粪便收集量	t/a	09	
粪便利用量	t/a	10	
四、养殖场粪污利用配套农田和林地情况	—	—	—
农田面积	亩	11	
大田作物	亩	12	
其中：小麦	亩	13	
玉米	亩	14	
水稻	亩	15	
谷子	亩	16	
其他作物	亩	17	
蔬菜	亩	18	
经济作物	亩	19	
果园	亩	20	
草地面积	亩	21	
林地面积	亩	22	

单位负责人：　　　　统计负责人（审核人）：　　　　填表人：　　　　报出日期：20　　年　　月　　日

说明：1. 本表由辖区内规模畜禽养殖场填报；

2. 尚未领取统一社会信用代码的填写原组织机构代码号；

3. 代码丙中 12～19 为播种面积，20～22 为种植面积。

3.4.2　核算方法及产排污系数

畜禽养殖业污染物核算内容包括 COD、总氮、氨氮、总磷的产生量和排放量。

畜禽养殖量中规模化畜禽养殖场按照单个养殖场进行核算，区域污染物产排量由单个规模化畜禽养殖场加和得到；规模以下养殖户以区、县级行政区域为单位进行宏观核算。区域畜禽养殖业污染物产排量由规模畜禽养殖场水污染物产排量和区域规模以下养殖户水污染物产排量加和得到。

（1）畜禽养殖业水污染物产生量核算

畜禽养殖业水污染物产生量核算采用产污系数法。规模养殖场水污染物产生量逐家计算，根据各类畜禽养殖量和相应的水污染物产生系数相乘得到。区域规模养殖场水污染物产生量由每一家规模养殖场水污染物产生量加和得到。区域规模以下养殖户水污染物产生量根据区域规模以下养殖户各类畜禽的养殖量与相应的水污染物产生系数相乘得到。区域畜禽养殖业水污染物产生量总和等于区域规模养殖场水污染物产生量与区域规模以下养殖户水污染物产生量之和。

县级行政单元畜禽养殖业某项水污染物产生量核算方法如下：

$$C = \sum_{j} Q_{ji\text{规模}} \times e_{ji\text{规模}} \times 10^{-3} + \sum_{i=1}^{5} Q_{i\text{养殖户}} \times e_{i\text{养殖户}} \times 10^{-3} \tag{3-2}$$

式中，C——县域畜禽养殖业水污染物产生量，t；

i——畜禽种类序号，最大为 5；

j——县域规模化畜禽养殖场数量，家；

$Q_{ji\text{规模}}$——第 j 家规模养殖场第 i 种畜禽养殖量，头；

$e_{ji\text{规模}}$——第 j 家规模养殖场所在区域的第 i 种畜禽水污染物产生系数，kg/头；

$Q_{i\text{养殖户}}$——县域第 i 种畜禽规模以下养殖量，头；

$e_{i\text{养殖户}}$——县域第 i 种畜禽规模以下养殖水污染物产生系数，kg/头。

（2）畜禽养殖业水污染物排放量核算

畜禽养殖业水污染物排放量核算采用排放系数法。以某种畜禽养殖在不同粪污处理工艺条件下的养殖量与相应畜禽种类、粪污处理的排放系数相乘，得到某种畜禽养殖的水污染物排放量。将 5 种畜禽养殖的水污染物排放量加和，得到某规模养殖场或县级行政单元养殖户水污染物排放量。区域畜禽养殖业水污染物排放量由规模畜禽养殖场水污染物和规模以下养殖户水污染物排放量加和得到。

① 规模畜禽养殖场水污染物排放量核算。

县级行政单元规模畜禽养殖场某项水污染物排放量等于所有规模畜禽养殖场水污染物排放量加和。单个规模畜禽养殖场排放量计算分三部分内容，主要基于养殖场的清粪工艺、固体粪便处理利用方式和污水处理利用方式来确定。

如果某个养殖场固体粪便利用方式填写了农家肥、沼渣还田中的1种或2种，尿液废水处理利用方式中填写了废水利用或沼液还田中的1种或2种，或者填写了这4种处理利用方式中的1种至4种，就需要根据配套农田种植的作物类型和面积，判断粪肥还田是否超载，并基于超载系数测算氮磷流失量。如果养殖场没有上述4种处理利用方式，就不需要测算这部分排放量。需要先计算养殖场农田利用养分超载量，判断养殖量是否超载，如养殖量超载（超载量大于0），则先后计算过量养分比例系数、单个动物农田利用排污系数、超载部分排放量，将超载部分排放量作为养殖场排放量的组成部分之一。

固体粪便场外丢弃排放量根据畜禽养殖量、各种粪便利用方式的比例及场外丢弃排污系数进行计算。

污水直接排放污染物量根据畜禽养殖量、各种尿液（污水）利用方式的比例，以及污水直接排放排污系数计算。

养殖场污水采用达标排放工艺的污染物排放量计算，可选择两种计算方法：第一种方法是先根据不同清粪工艺下进入污水中的污染物系数，计算进入污水系统的污染物量，再根据畜禽养殖量、达标排放污水占全部污水量的比例、进入污水系统的污染物量以及7种污水处理工艺对应的不同去除效率（或多种工艺组合的效率相乘）得到污染物排放量。第二种方法相对简便一些，更便于养殖场测算。此种方法是直接给出典型组合工艺的排污系数表，根据畜禽养殖量、达标排放污水占全部污水量的比例以及典型组合工艺的排污系数相乘，计算污染物排放量。

对于单个畜禽规模养殖场，根据其粪污实际处理方式的不同，其单项水污染物排放量等于超载部分排放量、固体粪便场外丢弃排放量、污水直接排放排污量、养殖场污水采用达标排放工艺的污染物排放量等排污量之和。

区域畜禽规模养殖场水污染物排放量由区域内每一家规模养殖场水污染物排放量加和得到。

② 规模以下养殖户水污染物排放量核算。

规模以下养殖户不考虑其处理利用工艺，根据饲养量和单个畜种的排放系数相乘来计算污染物排放量。

规模以下养殖户水污染物排放量以县级行政单元为基础进行计算，等于畜禽养殖量与排污系数相乘。某项水污染物排放量计算公式如下：

$$E=\sum_{i=1}^{5}Q_i\times e_i\times 10^{-3} \tag{3-3}$$

式中，E——规模以下养殖户畜禽养殖业水污染物排放量，t；

Q_i——第 i 种畜禽规模以下养殖量，头；

e_i——第 i 种畜禽规模以下养殖水污染物排放系数，kg/头。

（3）畜禽养殖产排污系数

畜禽养殖业产排污系数包括畜禽规模养殖、规模以下养殖的产污系数和排污系数，具体系数可以通过《第二次全国污染源普查农业源系数集》查询。

1）产污系数

畜禽规模养殖产污系数，是按照全国六大区域（华北区、东北区、华东区、中南区、西南区、西北区）及五类畜禽（生猪、奶牛、肉牛、蛋鸡、肉鸡）的不同分类组合，分别给出粪便和尿液产污系数以及粪便、尿液中的 4 项水污染物（COD、总氮、氨氮、总磷）产污系数。

畜禽规模以下养殖同样按照六大区域、五类畜禽，给出粪便和尿液产生系数以及粪便、尿液中 4 项水污染物产污系数。

2）排污系数

① 畜禽规模养殖排污系数。

畜禽规模养殖排污系数包括不同清粪工艺下进入污水中的污染物系数、污水典型处理工艺污染物去除效率、典型畜禽规模养殖场污水达标排放处理排污系数、规模养殖场污水直接排放排污系数、规模养殖场固体粪便场外丢弃排污系数共 5 类系数。

不同清粪工艺下进入污水中的污染物系数根据六大区域、五类畜禽、六种清粪工艺，给出 4 项水污染物进入污水系统的污染物量。

污水典型处理工艺污染物去除效率按 7 类典型工艺，给出 4 项水污染物去除效率。

规模养殖场污水达标排放处理排污系数根据六大区域、五类畜禽、六种清粪工艺、1～4 种典型处理工艺组合，给出 4 项水污染物排污系数。

规模养殖场污水直接排放排污系数根据六大区域、五类畜禽、六种清粪工艺，给出 4 项水污染物排污系数。

规模养殖场固体粪便场外丢弃排污系数根据六大区域、五类畜禽、六种清粪工艺，给出 4 项水污染物排污系数。

② 畜禽规模以下养殖户排污系数。

畜禽规模以下养殖户排污系数根据六大区域、五类畜禽，给出 4 项水污染物排污系数。

3.4.3 调查结果

“二污普”畜禽养殖污染物调查结果见表 3-17。

表 3-17 “二污普”畜禽养殖污染物调查结果

名 称	COD	氨氮	总氮	总磷
北 京	20 210	307	1 535	214
天 津	108 125	1 009	5 706	1 253
河 北	460 532	5 134	28 662	5 367
山 西	344 525	3 271	17 852	4 349
内蒙古	197 780	1 978	12 554	1 551
辽 宁	464 446	2 842	23 097	5 795
吉 林	187 503	1 668	10 830	2 552
黑龙江	148 269	1 141	7 748	1 623
上 海	4 494	64	342	50
江 苏	371 763	6 376	26 536	5 517
浙 江	10 229	411	1 435	208
安 徽	335 863	5 172	20 183	4 459
福 建	96 144	2 370	8 465	1 659
江 西	214 651	4 842	17 885	3 657
山 东	403 954	7 399	28 673	4 881
河 南	488 618	7 366	29 637	6 799
湖 北	397 386	6 632	23 085	5 821
湖 南	349 099	4 830	21 619	5 310
广 东	506 628	5 294	31 239	7 922
广 西	114 426	1 454	8 076	1 768
海 南	21 958	289	1 378	314
重 庆	73 461	525	4 585	952
四 川	148 615	1 454	11 856	1 936
贵 州	105 533	665	5 946	1 294
云 南	97 822	764	6 497	1 169
西 藏	4 533	40	228	47
陕 西	63 795	415	3 135	797
甘 肃	161 358	653	5 844	1 445
青 海	11 707	48	378	84
宁 夏	71 920	307	2 561	723
新 疆	62 911	313	2 405	596
合 计	6 048 260	75 030	369 972	80 111

3.5 “十三五”衔接“二污普”后及“十四五”生态环境统计

3.5.1 调查对象及调查指标

以省级行政区域为单元，调查各区域生猪、奶牛、肉牛、蛋鸡、肉鸡五类畜禽的规模化畜禽养殖场和养殖户的污染物产生和排放情况。规模化畜禽养殖场的规模定义为，年畜禽养殖量：生猪≥500 头（出栏）、奶牛≥100 头（存栏）、肉牛≥50 头（出栏）、蛋鸡≥2 000 羽（存栏）、肉鸡≥10 000 羽（出栏）。

调查指标包括养殖品种、养殖量，COD、总氮、总磷、氨氮的产生量和排放量。

3.5.2 核算方法及产排污系数

畜禽养殖业污染物核算内容包括：COD、总氮、氨氮、总磷的产生量和排放量。

（1）畜禽养殖业水污染物产生量核算

采用单位畜禽产污系数法，以省级行政区域为单元，第 i 类畜禽养殖水污染物产生量等于第 i 类畜禽的养殖量乘以产污系数，畜禽养殖业的水污染物产生量等于 5 类畜禽（生猪、奶牛、肉牛、蛋鸡、肉鸡）的污染物产生量之和，某项水污染物产生量计算公式如下：

$$W_{ij\text{畜产}}=(Q_{i\text{规模}}\times e_{ij\text{规模畜产}}+Q_{i\text{养殖户}}\times e_{ij\text{养殖户畜产}})\times 10^{-3} \tag{3-4}$$

$$W_{j\text{畜产}}=\sum_{i}^{n}W_{ij\text{畜产}} \tag{3-5}$$

式中，$W_{ij\text{畜产}}$——某省第 i 类畜禽养殖第 j 项污染物产生量，t；

$Q_{i\text{规模}}$——调查年度某省第 i 类畜禽规模养殖场存/出栏量，头（羽）；

$e_{ij\text{规模畜产}}$——某省第 i 类畜禽规模养殖第 j 项污染物产污系数，kg/头；

$Q_{i\text{养殖户}}$——调查年度某省第 i 类畜禽养殖户养殖存/出栏量，头（羽）；

$e_{ij\text{养殖户畜产}}$——某省第 i 类畜禽养殖户第 j 项污染物产污系数，kg/头；

$W_{j\text{畜产}}$——某省畜禽养殖第 j 项污染物产生量，t。

（2）畜禽养殖业水污染物排放量核算

采用单位畜禽排污系数法，以省级行政区域为单元，第 i 类畜禽养殖水污染物排放

量等于第 i 类畜禽养殖量与污染物排放系数相乘，畜禽养殖业的水污染物排放量等于5种畜禽（生猪、奶牛、肉牛、蛋鸡、肉鸡）的污染物排放量之和。某项水污染物排放量计算公式如下：

$$W_{ij\text{畜排}} = (Q_{i\text{规模}} \times S_{ij\text{规模畜排}} + Q_{i\text{养殖户}} \times S_{ij\text{养殖户畜排}}) \times 10^{-3} \tag{3-6}$$

$$W_{j\text{畜排}} = \sum_{i=1}^{n} W_{ij\text{畜排}} \tag{3-7}$$

式中，$W_{ij\text{畜排}}$ ——某省第 i 类规模畜禽养殖第 j 项污染物排放量，t；

$Q_{i\text{规模}}$ ——调查年度某省第 i 类畜禽规模养殖存/出栏量，头（羽）；

$S_{ij\text{规模畜排}}$ ——第 i 类畜禽规模养殖第 j 项污染物排放系数，kg/［头（羽）·a］；

$Q_{i\text{养殖户}}$ ——调查年度某省第 i 类畜禽养殖户养殖存/出栏量，头/羽；

$S_{ij\text{养殖户畜排}}$ ——第 i 类畜禽养殖户第 j 项污染物排放系数，kg/［头（羽）·a］；

$W_{j\text{畜排}}$ ——某省畜禽养殖第 j 项污染物排放量，t。

（3）畜禽养殖业产排污系数

畜禽养殖业产排污系数包括畜禽规模化养殖产污系数、畜禽养殖户产污系数、畜禽规模化养殖排污系数、畜禽养殖户排污系数。

畜禽规模化养殖、养殖户的产污系数、排污系数，均按照省份、5种畜禽（生猪、奶牛、肉牛、蛋鸡、肉鸡），给出4项水污染物（COD、总氮、氨氮、总磷）的相关系数。具体系数见《排放源统计调查产排污核算方法和系数手册》。

3.5.3 调查结果

2020年畜禽养殖污染物调查结果见表3-18。

表3-18 2020年畜禽养殖污染物调查结果 单位：t

地区	COD	氨氮	总氮	总磷
全　国	15 162 812	153 481	840 287	155 464
北　京	11 143	147	772	99
天　津	115 891	1 025	5 934	1 240
河　北	877 449	13 388	56 250	8 327
山　西	426 119	4 544	22 916	5 072
内蒙古	596 124	7 917	41 309	3 302
辽　宁	1 058 771	7 790	54 174	10 508
吉　林	409 192	3 894	22 928	3 892
黑龙江	1 280 342	10 602	62 180	9 447

地区	COD	氨氮	总氮	总磷
上　海	3 807	48	266	41
江　苏	529 800	5 786	31 282	7 165
浙　江	27 551	438	2 047	356
安　徽	631 115	7 558	34 147	7 371
福　建	152 822	2 434	10 488	2 052
江　西	574 384	6 714	31 273	6 189
山　东	942 515	12 598	56 786	10 235
河　南	838 363	8 294	45 914	9 131
湖　北	934 217	14 488	48 842	11 536
湖　南	926 234	9 937	53 432	11 452
广　东	553 588	4 430	32 016	7 394
广　西	387 038	2 722	22 401	4 174
海　南	63 313	425	3 477	626
重　庆	170 424	1 369	11 179	1 964
四　川	490 744	4 739	34 444	5 806
贵　州	914 937	4 533	43 607	8 853
云　南	393 284	3 162	27 610	3 882
西　藏	496 466	2 143	15 065	3 471
陕　西	202 326	2 021	11 612	2 058
甘　肃	490 430	2 804	21 719	3 861
青　海	21 427	376	1 405	224
宁　夏	175 541	850	7 339	1 481
新　疆	467 456	6 306	27 471	4 259

第 4 章

环境管理水污染物排放量估算方法应用

现行环境管理制度中涉及畜禽养殖污染物排放量的主要是环境保护税和排污许可制度，其中最主要的是确定水污染物排放量。本章对环境保护税、排污许可制度中估算水污染物排放量的管理对象、核算方法和使用条件进行介绍。

4.1 环境保护税

4.1.1 纳入环境保护税管理范围的畜禽养殖企业

根据《中华人民共和国环境保护税法》，在中华人民共和国领域和中华人民共和国管辖的其他海域，直接向环境排放应税污染物的企业、事业单位和其他生产经营者为环境保护税的纳税人，应当依照该规定缴纳环境保护税。

根据《中华人民共和国环境保护税法实施条例》，达到省级人民政府确定的规模标准并且有污染物排放口的畜禽养殖场，应当依法缴纳环境保护税；依法对畜禽养殖废弃物进行综合利用和无害化处理的，不属于直接向环境排放污染物，无须缴纳环境保护税。

4.1.2 应税污染物核算方法

应税大气污染物、水污染物、固体废物的排放量和噪声的分贝数，按照下列方法和顺序计算：

（1）纳税人安装使用符合国家规定和监测规范的污染物自动监测设备的，按照污染物自动监测数据计算；

（2）纳税人未安装使用污染物自动监测设备的，按照监测机构出具的符合国家有关规定和监测规范的监测数据计算；

（3）因排放污染物种类多等原因不具备监测条件的，按照国务院生态环境主管部门规定的排污系数、物料衡算方法计算；

（4）不能按照本条第 1 项至第 3 项规定的方法计算的，按照省、自治区、直辖市人民政府生态环境主管部门规定的抽样测算的方法核定计算。

对于第 3 项，生态环境部、财政部、国家税务总局《关于发布计算环境保护税应税污染物排放量的排污系数和物料衡算方法的公告》（公告 2021 年第 16 号）规定：① 属于排污许可管理的排污单位，适用生态环境部发布的排污许可证申请与核发技术规范中规定的排（产）污系数、物料衡算方法计算应税污染物排放量；排污许可证申请与核发技术规范未规定相关排（产）污系数的，适用生态环境部发布的排放源统计调查制度规定的排（产）污系数方法计算应税污染物排放量。② 不属于排污许可管理的排污单位，适用生态环境部发布的排放源统计调查制度规定的排（产）污系数方法计算应税污染物排放量。

4.2　排污许可制度

4.2.1　纳入排污许可管理的畜禽养殖企业范围

根据《固定污染源排污许可分类管理名录（2019 年）》，设有污水排放口的规模化畜禽养殖场、养殖小区（具体规模化标准按《畜禽规模养殖污染防治条例》执行）实施重点管理；无污水排放口的规模化畜禽养殖场、养殖小区，设有污水排放口的规模以下畜禽养殖场、养殖小区实施登记管理。

4.2.2　水污染物排放量实际排放量核算一般原则

畜禽养殖行业排污单位的废水，在核算时段内的实际排放量等于正常情况与非正常情况实际排放量之和。核算时段根据管理需求，可以是季度、年度等。

废水污染物在核算时段内的实际排放量等于主要排放口，即排污单位废水总排放口的实际排放量。核算方法包括实测法、产污系数法。

废水污染物在核算时段内正常情况下的实际排放量首先采用实测法核算，分为自动监测实测法和手工监测实测法。对于排污许可证中载明的要求采用自动监测的污染物项目，应采用符合监测规范的有效自动监测数据核算污染物实际排放量。对于未要求采用自动监测的污染物项目，可采用自动监测数据或手工监测数据核算污染物实际排放量。对于排污许可证中载明应当采用自动监测的排放口或污染物而未采用的，采用产污系数法进行核算，且均按直排核算。未按照相关规范文件等要求进行手工自行监测（无监测数据或手工监测数据无效）的排放口或污染物，采用产污系数法进行核算，且均按直排核算。

废水污染物在核算时段内非正常情况下的实际排放量，采用产污系数法进行核算，且按直接排放进行核算。

畜禽养殖行业排污单位如含有适用其他行业排污许可技术规范的产污设施，废水、废气污染物的实际排放量为涉及的各行业实际排放量之和。废气污染物实际排放量按相应行业排污许可技术规范中实际排放量核算方法核算。废水污染物的实际排放量采用实测法核算时，按《排污许可证申请与核发技术规范　畜禽养殖行业》（HJ 1029—2019）中核算方法核算。采用产污系数法核算时，实际排放量为涉及的各行业实际排放量之和。

4.2.3 监测法

废水自动监测实测法是指根据符合监测规范的有效自动监测数据污染物的日平均排放浓度、平均流量、运行时间核算污染物年排放量，核算方法见式（4-1）。

$$E=\sum_{i=1}^{n}(c_i \times q_i \times 10^{-6}) \tag{4-1}$$

式中，E——核算时段内主要排放口某项污染物的实际排放量，t；

c_i——核算时段内主要排放口某项水污染物在第 i 日的自动实测平均排放浓度，mg/L；

q_i——核算时段内主要排放口第 i 日的流量，m^3/d；

n——核算时段内主要排放口的水污染物排放时间，d。

当自动监测数据由于某种原因出现中断或其他情况时，根据《水污染源在线监测系统（COD_{Cr}、NH_3-N 等）数据有效性判别技术规范》（HJ 356—2019）等予以补遗。缺失时段超过 25%的，自动监测数据不能作为核算实际排放量的依据。

手工监测实测法是指根据每次手工监测时段内每日污染物的平均排放浓度、平均排水量、运行时间核算污染物年排放量，核算方式见式（4-2）和式（4-3）。手工监测数据包括核算时间内的所有执法监测数据和排污单位自行或委托第三方的有效手工监测数据，若同一时间段既有执法监测数据又有手工监测数据，优先使用执法监测数据。排污单位自行或委托的手工监测频次、监测期间生产工况、数据有效性等须符合相关规范文件等要求。

$$E = c \times q \times h \times 10^{-6} \tag{4-2}$$

$$c = \frac{\sum_{i=1}^{n}(c_i \times q_i)}{\sum_{i=1}^{n} q_i},\quad q = \frac{\sum_{i=1}^{n} q_i}{n} \tag{4-3}$$

式中，E——核算时段内主要排放口水污染物的实际排放量，t；

c——核算时段内主要排放口水污染物的实测日加权平均排放浓度，mg/L；

q——核算时段内主要排放口的日平均排水量，m^3/d；

c_i——核算时段内第 i 次监测的日监测浓度，mg/L；

q_i——核算时段内第 i 次监测的日排水量，m^3/d；

n——核算时段内取样监测次数，量纲一；

h——核算时段内主要排水口的水污染排放时间，d。

4.2.4　产污系数法

畜禽养殖行业排污单位采用产污系数法核算污染物排放量的，根据单位畜禽污染物的产生量、畜禽 养殖量按式（4-4）、式（4-5）进行核算。

$$E = N \times [\eta \times (1-\theta) + c] \times T \times 10^{-6} \tag{4-4}$$

$$\theta = R / (N \times \beta \times T) \tag{4-5}$$

式中，E——核算时段内主要排放口某项水污染物的实际排放量，t；

N——核算时段内排污单位畜禽平均存栏量，头（羽）；

η——单位畜禽粪便中某项水污染物含量，g/d，见表 4-1；

θ——排污单位固体粪便清出比例，%；

β——单位畜禽粪便日产生量，kg/头（羽），见表 4-1；

R——核算时段内排污单位畜禽粪便清出量，kg，排污单位根据实际情况统计，无相关记录时取零；

c——单位畜禽尿液中某项水污染物含量，g/d，见表 4-1；

T——核算时段时间，d。

表 4-1　各类畜禽污染物产生量

种类	粪便产生量/{kg/[d·头(羽)]}	粪便中污染物含量/{g/[d·头(羽)]}				尿液中污染物含量/{g/[d·头(羽)]}			
		COD	总氮	总磷	氨氮[a]	COD	总氮	总磷	氨氮[a]
生猪	1.24	167.4	9.3	2.9	6.1	35.4	11.2	0.3	4.8
奶牛	25.71	5 454.4	168.5	41.9	46.9	358.6	112.5	3.5	32.4
肉牛	10.88	2 435.1	68.8	12.1	28.6	175.3	38.8	2.4	24.3
蛋鸡	0.13	21.3	1.2	0.3	0.6	—	—	—	—
肉鸡	0.11	19.5	1.1	0.3	0.5	—	—	—	—

注：[a] 为未处理经迁移转化后进入自然环境的校正值。

对具有不同畜禽种类的排污单位，污染物产生系数可将养殖量换算成相应的畜禽品种养殖量后进行核定，换算比例：1 羽鸭折算成 1 羽鸡（蛋鸭折算成蛋鸡，肉鸭折算成肉鸡），1 羽鹅折算成 2 羽鸡（蛋鹅折算成蛋鸡，肉鹅折算成肉鸡），3 只羊折算成 1 头猪。省级人民政府明确规定，规模标准的其他养殖品种由省级政府部门自行设定换算系数。

第 5 章

基于监测数据的规模化畜禽养殖水污染物负荷测算研究

本章是 2009 年国家水体污染控制与治理科技重大专项“基于监测数据的总量测算技术研究”（2009 ZX07527—002）的研究成果，由中国环境监测总站、四川省生态环境监测中心站、内江市生态环境监测站联合完成。通过实测数据获取规模化畜禽养殖企业污染物排放总量。

5.1 方法研究

规模化畜禽养殖面源污染总量测算技术研究主要包括调查与典型规模化畜禽养殖场选择研究、面源污染总量测算研究、监测方案设计研究、监测的质量控制与质量保证措施研究几个部分。其中，调查方案与典型养殖场选择研究是本研究的工作基础和先决条件；规模化畜禽养殖面源污染总量测算方法研究是本研究的核心和重点；监测方案的设计是本研究的关键，也是联系理论和实践的纽带；而质量控制与质量保证措施研究是本研究有效性、代表性和准确性的保障。

5.1.1 调查及典型养殖场选择

5.1.1.1 规模化畜禽养殖调查

有关区域规模化畜禽养殖的信息调查是面源污染总量测算的基础工作，全面、准确地掌握基础信息，才能选定具有代表性的监测对象，并设计出行之有效的监测方案，同时也为后续的总量测算提供必需的基础数据。

调查方案的制定应基于对规模化畜禽养殖污染影响因素的分析，需要针对不同养殖方式、养殖规模、饲养方式、污染治理和资源化利用方式进行差异化调查，进而汇总统计出区域内规模化畜禽养殖业基础信息、养殖废水的处理模式及去向和相关比例、养殖固废的处理方式及去向和比例、区域有关规模化畜禽养殖污染物的农业利用情况等。

具体调查的方案可根据区域的实际情况，参照污染源普查及动态更新的相关调查表，并结合本研究测算中需要的数据来进行设计。

5.1.1.2 典型养殖场选择

由于畜禽养殖产业的升级，规模化率的不断提高，同时人们对畜禽产品的需求也在不断提高，规模化畜禽养殖企业的数量呈现出显著增长的势头。面对区域大量的规模化畜禽养殖企业，对所有养殖场都进行监测是不现实的，即使抽测一部分的企业也会因工作量太大而难以完成。因此，需要选择少量的、具有典型意义的、代表性的养殖场来进行监测。对典型企业产生及排放的养殖废水与固废进行监测，计算其产污系数和不同设施污染物削减效率，再根据调查结果，计算出整个区域的规模化畜禽养殖面源污染总量。

基于走访调研与文献参阅，本研究归纳提出了选择养殖场时需要遵循的几个原则。

① 需涵盖所有养殖规模。规模化畜禽养殖的规模分为大、中、小三种类型，以养猪场为例，本研究将养猪规模大于 1 000 头的视为大型养猪场，500～1 000 头的视为中型养殖场，100～499 头的视为小型养猪场。每种类型应抽取 1 个或 2 个养殖企业进行监测。

② 应依据区域调查结果选择不同污染治理工艺的典型养殖场，通过实测数据计算不同污染治理工艺的污染物削减效率。研究期内国内规模化养殖场废水主要处理方式：沼气池、沼气池+生化处理、沼气池+生化+人工湿地处理等。

③ 选择的典型养殖场要具有监测的可操作性，即选择养殖技术比较成熟，管理比较规范，并且持续长久发展的养殖场，这样才有利于监测采样工作的开展，保证结果的准确性和代表性。

5.1.2 总量测算方法研究

5.1.2.1 总量测算框架

本研究提出供参考的畜禽养殖面源污染计算过程，各地可根据实际情况对计算过程进行调整。

（1）通过对典型规模化畜禽养殖场废水处理设施进口废水及固废污染物的监测，结合“一污普”产排污系数手册折算的特定生长阶段畜禽的产污权重，计算不同生长阶段畜禽的产污系数及单位畜禽的产污量。

（2）单位畜禽产污量乘以区域内的畜禽年出栏量，计算得到污染物年产生量。

（3）根据实测的不同治理方式污染物削减率，结合调查得到的区域内规模化畜禽养殖企业各治理方式所占的权重，计算区域内规模化畜禽养殖污染物排放量。

（4）结合不同利用方式面源污染体现系数，计算区域规模化畜禽养殖的面源污染总量。

具体流程见图 5-1。

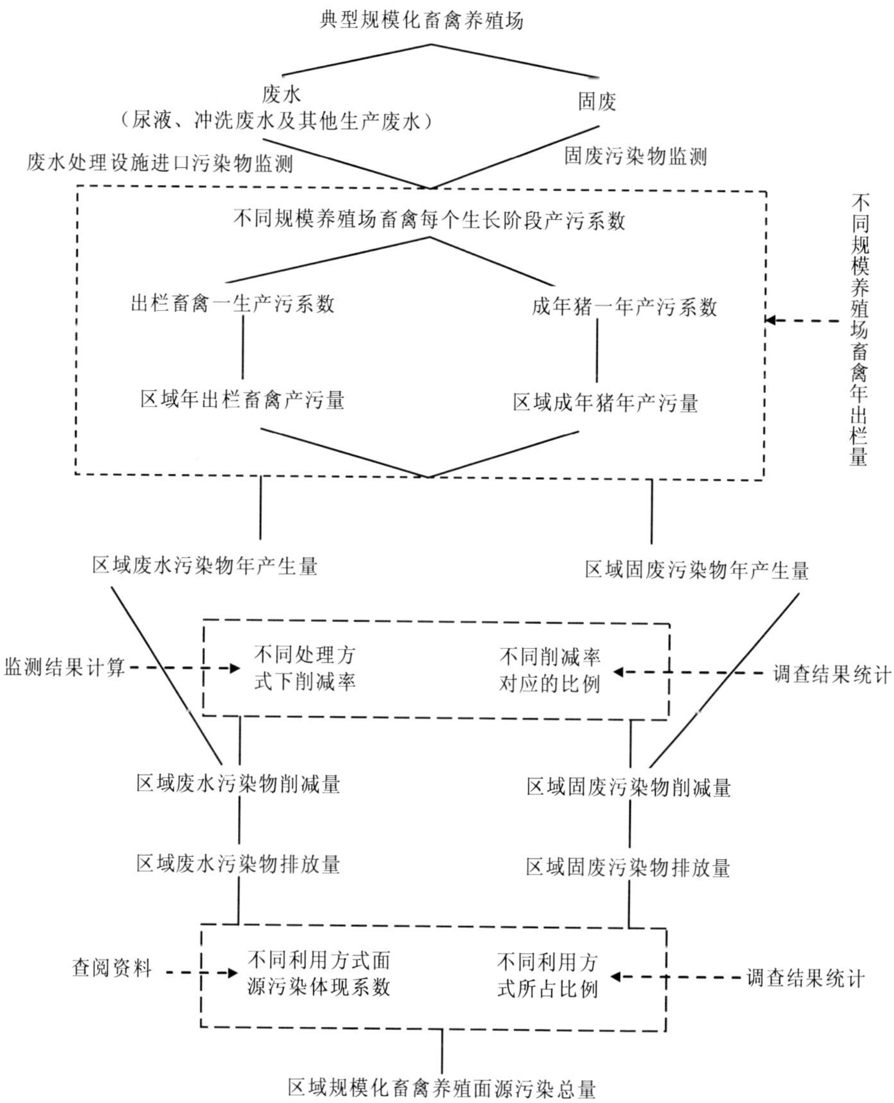

图 5-1　规模化畜禽养殖面源污染总量测算流程

从图 5-1 可以看出，规模化畜禽养殖面源污染测算过程中涉及的主要包括产污系数、产污量、污染物削减、面源污染体现系数等方面的计算。

5.1.2.2　产污系数及产污量计算

产污系数的计算包括畜禽每个生长阶段的产污系数和单位畜禽从出生到出栏的产污量（系数）的计算。

通过监测得到废水处理设施进口的污染物浓度和流量，两者相乘得到典型规模化畜禽养殖场的污染物产生总量。同时借鉴《第一次全国污染源普查畜禽养殖业源产排污系数手册》中畜禽不同生长阶段的产污系数比例，把该养殖场内不同生长阶段的畜禽折算成特定生长阶段的畜禽进行计算，计算出特定生长阶段的畜禽的产污系数后，依据折算系数还原出畜禽不同生长阶段的产污系数。特定生长阶段产污系数具体计算公式为

$$X_{产} = Q \div (\sum M_i Z_i) \tag{5-1}$$

式中，$X_{产}$——畜禽特定生长阶段的产污系数，kg/头；

Q——典型养殖场产生的污染物总量，kg；

M_i——i 生产阶段畜禽的数量，头；

Z_i——依据污普系数得出的 i 生长阶段的折算系数，量纲一。

某一生长阶段产污系数计算公式为

$$X_{产i} = X_{产} \times Z_i \tag{5-2}$$

式中，$X_{产i}$——i 生长阶段产污系数，kg/头；

$X_{产}$——畜禽特定阶段的产污系数，kg/头；

Z_i——依据污普系数得出的 i 生长阶段的折算系数，量纲一。

5.1.2.3　单位畜禽产污量计算

依据畜禽各生长阶段产污系数和该生长阶段的生长天数，计算畜禽从出生到出栏的污染物产生量（产污量），具体计算公式为

$$X_{一生} = \sum X_{产i} T_i \tag{5-3}$$

式中，$X_{一生}$——畜禽从出生到出栏的产污量，kg/头；

$X_{产i}$——畜禽 i 生长阶段的产污系数，kg/头；

T_i——i 生长阶段的生长天数，d。

5.1.2.4　产污总量计算

依据每个畜禽从出生到出栏的产污量，结合区域畜禽的年出栏量和对应需要的成年

畜禽（妊娠和公畜禽）的数量及产污系数，计算出区域规模化畜禽养殖污染物产生总量，具体计算公式如下：

$$C_{产} = M_{年出栏量} \times X_{一生} + M_{成年} \times X_{成年} \quad (5\text{-}4)$$

式中，$C_{产}$——区域规模化畜禽养殖产污量，kg；

$M_{年出栏量}$——畜禽年出栏量，头；

$X_{一生}$——畜禽从出生到出栏产污系数，kg/头；

$M_{成年}$——成年畜禽数量，头；

$X_{成年}$——成年畜禽的产污系数，kg/头。

5.1.2.5　污染削减

规模化畜禽养殖的污染主要包括养殖废水和固废。其中废水有三种典型工艺进行治理，而固废中污染物的削减来自粪渣生产有机肥过程中的污染削减。

（1）养殖废水的污染削减

废水污染物削减计算方法按照实际监测的处理效率进行计算。

根据养殖场不同废水处理方式所占的比例，结合不同处理方式下的污染物削减效率，进而获得不同污水处理方式下的污染物削减量，废水污染物削减量计算公式如下：

$$E_{废水} = \sum (C_{废水总产} \times F_i \times D_{效率i}) \quad (5\text{-}5)$$

式中，$E_{废水}$——区域规模化畜禽养殖废水污染物削减总量，kg；

$C_{废水总产}$——区域规模化畜禽养殖废水污染物产生总量，kg；

F_i——区域 i 种废水处理方式比例，量纲一；

$D_{效率i}$——区域 i 种废水处理方式的污染物削减率，量纲一。

（2）养殖固废的污染削减

本研究采用主要污染物减排核查提出的削减率，即采用粪渣生产有机肥的削减量，按 COD 产生量的 50%、氨氮产生量的 28%计算。

规模化养殖场固废污染物削减量计算公式如下：

$$E_{固废} = \sum (G_{固废总产} \times X) \quad (5\text{-}6)$$

式中，$E_{固废}$——区域规模化畜禽养殖固废污染物削减总量，kg；

$G_{固废总产}$——区域规模化畜禽养殖固废污染物产生总量，kg；

X——固废污染物削减率，量纲一。

5.1.2.6 排污总量计算

排放量，即产生量减去削减量，具体公式如下：

$$P = C - E \tag{5-7}$$

式中，P——区域畜禽养殖污染物排污总量，kg；

C——区域规模化畜禽养殖污染物产生总量，kg；

E——区域规模化畜禽养殖污染物削减总量，kg。

5.1.2.7 面源污染总量测算

根据前述研究，将点源排放的污染物在农业利用时的流失体现为面源污染，即点源污染面源影响化，利用“一污普”提出的流失系数，提出面源污染体现系数，即表5-1。

表5-1 不同利用方式污染物进入环境系数

利用方式	固废利用方式			废水利用方式	
	直接排放	测土配方	非测土配方	直接排放	浇灌农田
面源污染体现系数	1	0.5	0.65	1	0.7

根据前面的计算，结合相关污染系数，规模化畜禽养殖面源污染总量计算公式为

$$\mathrm{MC} = \sum\left(P_{废水} \times B_{废水i} \times X_{面源污染体现系数i} + P_{固废} \times B_{固废j} \times X_{面源污染体现系数j}\right) \tag{5-8}$$

式中，MC——区域规模化畜禽养殖面源污染总量，kg；

$P_{废水}$——养殖废水污染物排放总量，kg；

$B_{废水i}$——i种废水利用方式比例，量纲一；

$X_{面源污染体现系数i}$——养殖i种废水利用方式的面源污染体现系数，量纲一；

$P_{固废}$——养殖固废污染物排放总量，kg；

$B_{固废j}$——j种固废利用方式比例，量纲一；

$X_{面源污染体现系数j}$——j种固废利用方式的面源污染体现系数，量纲一。

5.1.3 监测方案设计研究

5.1.3.1 监测对象识别

畜禽养殖产生的污染主要包括废水、固废和恶臭，而形成面源污染的主要是废水和固废。目前，有关畜禽养殖排污系数的研究和测算大多集中在对畜禽养殖的粪尿产生量

及污染物浓度的监测和计算上，但是规模化畜禽养殖所产生的污染不仅来自粪尿的污染，圈舍冲洗废水和畜禽圈舍垫料、废饲料和散落的毛羽等固体废物的排放也是污染的重要组成部分。以粪尿排泄中的污染物作为研究对象、以对个体畜禽排泄量测算的研究来计算整个养殖企业污染物排放总量，这本身就忽略了养殖企业自身生产工艺的差异及畜禽的个体差异所带来的进入环境介质中污染量的差异。针对目前研究和实践层面存在的缺陷与不足，本研究创新性地将规模化畜禽养殖场产生及排放的废水和固废作为监测对象，从而更加全面地反映畜禽养殖面源污染问题。

5.1.3.2　监测因子选择

畜禽养殖由于其排污量大，成分较为复杂，从机理上需要检测的因子很多。本研究基于技术可操作性、污染因子的代表性等因素考虑，结合国家污染控制的趋势，提出当前阶段，规模化畜禽养殖的监测因子应重点围绕 COD、氨氮、总磷、总氮等综合指标。本研究涉及的监测因子为 COD、氨氮、总磷、总氮和废水流量、固废排放量。

5.1.3.3　监测布点优化

规模化畜禽养殖废水监测的目的是反映典型畜禽养殖企业废水污染物的排放量和典型废水处理工艺的处理效率，故监测点位布设在养殖废水处理设施的进口和出口，同时对养殖企业排放的固体废物进行采样监测。具体监测点位的选择，应考虑采样的可操作性及保证采样人员的安全。同时，由于需要对产、排的废水流量进行监测，在设置监测点位时，需要考虑是否满足测流要求，即监测点位应位于排污管段的平直处，且无湍流。

5.1.3.4　监测频次确定

畜禽养殖场的废水主要来源于畜禽尿液和圈舍冲洗废水，因此，废水排放不是一个连续的过程。由于畜禽进食、排泄时间及圈舍冲洗时间的差异，流量变化较大；并且根据冬春季和夏秋季的气温、湿度的不同，养殖场的圈舍冲洗时间和用水量会有所调整。基于以上原因，监测频次的选择必须具有代表性，最终的结果才能体现平均排污量。

监测频次确定时需考虑以下因素：畜禽养殖场的实际情况、养殖场的排水规律、养殖废水污染物产生及排放的季节特点等。本着全面反映污染物产生及排放情况、不增加监测成本、为总量测算提供准确可靠的监测数据的原则，通过实地调研的反馈，本研究提出监测频次的设置原则。

废水监测频次可设置为：冬春季和夏秋季各连续监测 3～5 天，按排水规律监测，废水隔 1～2 小时采样 1 次，每 3～6 小时的样品混合为 1 个混合样，每天采集 3～4 个混合样。

畜禽养殖场的固废主要来源于畜禽粪便。根据养殖场的清粪方式和规律，确定固废采样频次为：隔 3～6 小时采样 1 次，每天取 4 次。

监测频次可根据养殖企业的具体情况和各地实际情况进行适当的加密监测，以使监测数据及计算结果更准确。

5.1.3.5 采样及分析方法

为确保监测数据的真实可靠并具有可比性，采样及分析方法均应采用国家规定标准或推荐方法，见表 5-2。

表 5-2 监测分析方法

项目	分析方法	方法来源
流量	容积法	HJ/T 91—2002
COD	重铬酸钾法	GB/T 11914—1989
氨氮	纳氏试剂光度法	HJ 535—2009
总氮	碱性过硫酸钾消解紫外分光光度法	GB/T 11894—1989
总磷	钼酸铵分光光度法	GB/T 11893—1989
含水率	重量法	—

5.2 应用案例

本研究选择四川省内江市作为典型研究区域进行方法实例验证。内江市是畜禽养殖发展比较典型的城市，曾采取多项举措强力推进畜禽养殖规模化重点村建设，发展规模养殖。本次案例研究采用问卷调查和实地监测相结合的方法进行，发放并收回了 122 张调查表，对 116 个乡镇规模化养猪场基本情况进行了调查。在 2011 年的夏秋季和冬春季对 3 个典型养猪场进行了养殖废水处理前后的监测和固废监测，共获取了 1 753 个监测数据，采用“产生—削减—面源体现系数法”测算了内江市规模化养猪的面源污染总量。

5.2.1 试点区域及典型养殖场概况

5.2.1.1 试点区域概况

内江市处于成渝两个大城市之间，是西南各省（市）交通的重要交会点，地处 104°15′E～105°26′E、29°11′N～30°2′N。东连重庆，西接成都、资阳，南扼自贡、宜宾、泸州，北通遂宁、南充，成渝铁路、内昆铁路在这里接轨，成渝高速公路、内宜高速公路在这里会合，是川东南乃至西南各省（市）交通的重要交会点。内江辖两区三县，两区为市中区、东兴区，三县为资中县、威远县、隆昌县。

5.2.1.2　规模化养猪概况

内江市是四川省的省级现代畜牧试点市之一，生猪产业是内江农业的支柱性产业，年出栏规模化养殖商品猪约 100 万头。2005 年以来，生猪生产增长速度已连续 5 年名列四川省前茅；2011 年全市有 3 个国家级商品生猪调出大县，生猪标准化、规模化生产势头良好。

2011 年内江市出栏 50 头以上生猪的规模化养殖量为 220.25 万头，比 2010 年的 200.46 万头增加 19.79 万头，增长 9.9%。2011 年全市生猪出栏量为 413.02 万头，同比 2010 年减少 14.46 万头，下降 3.4%；生猪存栏量 319.67 万头，比上年增长 2.4%。

以规模化养猪场为代表，课题组通过对相关部门采取走访和发放调查问卷的形式，对内江市的规模化养猪场（100 头以上）总体概况进行统计。内江市现辖市中区、东兴区、威远县、资中县、隆昌县，规模化养猪场概况见表 5-3。

表 5-3　研究区域规模化养猪场概况

地区	年出（存）栏/头	养殖规模结构比例/%		
		1 000 头以上	500～1 000 头	100～499 头
市中区	73 815	36	5.7	58.3
东兴区	249 773	25.5	15.5	59.0
威远县	249 134	18.1	16.8	65.1
资中县	119 330	22.0	23.1	54.9
隆昌县	319 643	26.4	20.0	53.6
内江市	1 011 694	24.3	17.4	58.3

内江市规模化养猪场的饲养工艺主要有自繁自养、购买仔猪饲养、发酵垫料养殖。其中自繁自养约占 80%，购买仔猪饲养约占 20%，发酵垫料养殖仅有极少数养猪场在进行实验性尝试。

根据对各种生猪养殖工艺的总结分析，内江市商品猪的生长周期一般为 175 天左右，基本分为保育期和育肥期，其中保育期 70 天左右，育肥期 105 天左右。

据调查，内江市规模化养猪场的废水处理方式主要有沼气池处理、沼气池+生化处理、沼气池+生化+人工湿地处理 3 种。其中沼气池处理占 74%，沼气池+生化处理占 15%，沼气池+生化+人工湿地处理占 11%。

5.2.1.3　典型养猪场概况

本次实例研究根据研究区域——内江市的规模化养殖场概况，选择三家不同规模，并采取不同污水处理设施的养殖场作为研究对象，分别为A公司、B公司、C公司。三个典型养殖场的概况见表5-4。

表5-4 三个典型养殖场的概况

名称	冬春季养殖规模/头			夏秋季养殖规模/头			养殖方式
	保育	育肥	成年猪	保育	育肥	成年猪	
A	1 965	2 964	1 271	1 808	3 223	1 536	自繁自养、外售仔猪及商品猪
B	600	1 000	540	456	898	548	
C	50	60	44	45	65	44	

本次研究选择的养猪场分别为大型、中型、小型三种，对是否适合养殖、污染处理条件、投资能力衡量和内部管理情况四个指标进行环境综合评价，评价结果见表5-5。大型和中型养猪场总体环境条件较好，小型养猪场的总体环境条件一般。

表5-5 养猪场环境条件综合评价

名称	环境条件	业主经济条件	内部管理情况
A（大型）	好	好	好
B（中型）	好	好	好
C（小型）	好	一般	一般

本次研究选择的养猪场，A处理工艺为沼气池+生化+人工湿地处理，B废水处理工艺为沼气池+生化处理，C废水处理工艺为沼气池，废水处理工艺包含了内江市规模化养猪场主要的三种模式，具有一定的代表性。

5.2.2 结果与讨论

本次实例研究采用调查和监测相结合的方法进行。本研究历时12个月，发放并收回了122张调查表，对116个乡镇规模化养猪场基本情况进行了调查，其中，调查了市中区15个镇、东兴区29个镇、威远县20个镇、隆昌县19个镇、资中县33个镇，对3个典型养猪场分夏秋季和冬春季进行了基本情况调查。

本研究分别在夏秋季和冬春季对各典型养猪场进行了废水处理设施进出口监测及固废监测，每次连续监测3天，废水每天采3个混合样，固废每天采4个样，废水污染物共获取了540个数据，流量获取了36个数据，固废污染物获取了288个数据。依据获取的调查表和监测的数据，进行内江市规模化养猪场产污、污染削减及面源污染总量测算。

5.2.2.1　产污

（1）监测结果

冬春季和夏秋季三个养猪场废水处理设施进口的监测结果见表 5-6。

表 5-6　规模化养猪场污水处理设施进口污染物浓度

项目		大型养猪场	中型养猪场	小型养猪场
流量/（m^3/d）	冬春季	56.0	24.0	3.2
	夏秋季	70.0	30.0	4.0
COD/（mg/L）	冬春季	5 647	5 337	4 283
	夏秋季	2 980	5 473	2 397
氨氮/（mg/L）	冬春季	648	901	858
	夏秋季	607	575	791
总磷/（mg/L）	冬春季	30	50	22
	夏秋季	60	134	72
总氮/（mg/L）	冬春季	1 097	1 793	1 467
	夏秋季	821	901	999

由表 5-6 可知，夏秋季和秋冬季相比，三个养猪场的废水量均有明显增大，约增加 25%；氨氮、总氮有所下降，总磷有所增加，大型和小型养猪场的 COD 均下降，中型养猪场基本持平。

固废监测结果见表 5-7。

表 5-7　规模化养猪场外排固废污染物

项目		大型养猪场	中型养猪场	小型养猪场
排放量/（t/d）	冬春季	6.69	2.38	0.17
	夏秋季	7.33	2.19	0.17
COD/（mg/kg）	冬春季	702 000	723 333	766 667
	夏秋季	734 250	734 333	720 417
氨氮/（mg/kg）	冬春季	5 303	3 097	3 113
	夏秋季	2 899	3 702	4 502
总磷/（mg/kg）	冬春季	13 433	20 100	13 700
	夏秋季	16 725	19 758	22 258
总氮/（mg/kg）	冬春季	35 267	35 367	31 467
	夏秋季	28 708	33 533	22 042
含水率/%	冬春季	71	70	69
	夏秋季	73	77	71

由表 5-7 可知，夏秋季和秋冬季相比，三个养猪场的固废量、COD、含水率均变化较小，总磷有所增加，总氮有所下降，氨氮除大型养猪场有所下降外，中型和小型养猪场均有所增加。

（2）产污系数比例

借鉴《第一次全国污染源普查畜禽养殖业源产排污系数手册》西南地区的生猪产污系数（表 5-8），根据三个生长阶段猪的产污系数，可得出各生长阶段猪的产污比例（表 5-9），可将每个养殖场三个生长阶段的猪均折算为成年猪（表 5-10）。

表 5-8　第一次全国污染源普查畜禽养殖西南地区生猪产污系数　　单位：g/（d·头）

项目	保育猪	育肥猪	成年猪
COD	142.02	403.67	446.41
总氮	10.97	19.74	22.02
总磷	1.94	4.84	6.55

由表 5-8 可知，育肥猪和成年猪的产污系数比较接近，与保育猪差别较大，COD 和总磷育肥猪和成年猪约是保育猪的 3 倍，总氮约是 2 倍。

表 5-9　各生长阶段猪的产污比例

项目	保育猪	育肥猪	成年猪
COD	1	2.84	3.14
总氮	1	1.80	2.01
总磷	1	2.49	3.38

比较猪各生长阶段不同污染物的产污比例，COD 和总磷的较接近，总氮的差距较大。

表 5-10　根据污普产污比例折算猪的数量　　单位：头

项目		保育猪	育肥猪	成年猪	折算后成年猪
大型养猪场	实际数量	1 808	3 223	1 536	—
	按 COD 折	575	2 914	1 536	5 026
	按总氮折	901	2 889	1 536	5 326
	按总磷折	535	2 382	1 536	4 453

项目		保育猪	育肥猪	成年猪	折算后成年猪
中型养猪场	实际数量	456	898	548	—
	按 COD 折	145	812	548	1 505
	按总氮折	227	805	548	1 580
	按总磷折	135	664	548	1 347
小型养猪场	实际数量	45	65	44	—
	按 COD 折	14	59	44	117
	按总氮折	22	58	44	125
	按总磷折	13	48	44	105

本研究对养猪场各生长阶段猪的数量进行统计，再根据表 5-10 所列各生长阶段猪的产污比例，将各生长阶段的猪均折算为成年猪。

（3）产污系数

根据产污系数计算公式，得出不同规模养猪场保育猪、育肥猪、成年猪的产污系数，具体见表 5-11。

表 5-11　规模化养猪场不同饲养阶段猪产污系数　　单位：g/（d·头）

名称	类别		大型养猪场			中型养猪场			小型养猪场		
			保育	育肥	成年	保育	育肥	成年	保育	育肥	成年
COD	夏秋季	废水	13.2	37.7	41.5	34.7	99.2	109.1	24.8	70.7	77.8
		固废	93.0	266.0	280.0	79.0	226.0	238.0	98.0	280.0	295.0
		合计	106.2	303.7	321.5	113.8	325.2	347.1	122.3	350.7	372.8
	冬春季	废水	20.8	59.4	65.3	24.8	70.9	77.9	38.2	109.1	120.1
		固废	96.0	274.0	289.0	102.0	292.0	307.0	112.0	319.0	336.0
		合计	116.8	333.4	354.3	126.8	362.9	385.0	150.2	428.2	456.1
氨氮	夏秋季	废水	3.99	7.19	7.98	5.46	9.83	10.92	12.63	22.76	25.27
		固废	0.50	0.90	1.00	0.50	0.90	1.00	1.00	1.80	2.00
		合计	4.49	8.09	8.98	5.96	10.74	11.92	13.63	24.57	27.27
	冬春季	废水	3.51	6.32	7.01	6.21	11.19	12.42	11.19	20.17	22.39
		固废	1.00	1.80	2.00	0.50	0.90	1.00	0.50	0.90	1.00
		合计	4.51	8.12	9.01	6.71	12.09	13.42	11.69	21.07	23.39
总磷	夏秋季	废水	0.28	0.70	0.94	0.87	2.20	2.97	0.84	2.12	2.86
		固废	2.00	6.00	6.00	2.00	6.00	6.00	3.00	9.00	9.00
		合计	2.28	6.70	6.94	2.87	8.20	8.97	3.84	11.12	11.86
	冬春季	废水	0.11	0.29	0.39	0.24	0.60	0.81	0.20	0.51	0.69
		固废	2.00	5.00	6.00	3.00	8.00	9.00	2.00	6.00	6.00
		合计	2.11	5.29	6.39	3.24	8.60	9.81	2.20	6.51	6.69

名称	类别		大型养猪场			中型养猪场			小型养猪场		
			保育	育肥	成年	保育	育肥	成年	保育	育肥	成年
总氮	夏秋季	废水	5.40	9.73	10.80	8.54	15.40	17.09	16.80	30.27	33.60
		固废	4.00	10.00	11.00	4.00	10.00	11.00	3.00	9.00	9.00
		合计	9.40	19.73	21.80	12.54	25.40	28.09	19.80	39.27	42.60
	冬春季	废水	5.94	10.70	11.88	12.34	22.24	24.69	19.13	34.46	38.25
		固废	5.00	14.00	15.00	7.50	13.51	15.00	5.00	13.00	14.00
		合计	10.94	24.70	26.88	19.84	35.75	39.69	24.13	47.46	52.25

通过对各养殖场的产污系数进行分析，可得到以下结论。

（1）养殖场规模与产污系数之间存在相关性：① 夏秋季的 COD、氨氮、总磷、总氮的产污系数：大型养殖场＜中型养殖场＜小型养殖场；② 冬春季的 COD、氨氮、总氮的产污系数也是大型养殖场＜中型养殖场＜小型养殖场；冬春季的总磷产污系数：大型养殖场＜小型养殖场＜中型养殖场。

（2）不同规模的养殖场的产污系数差异：大型养猪场 COD 产污系数比小型养猪场最多可低 23%，氨氮最多可低 67%，总磷最多可低 40%，总氮最多可低 53%。

（3）由以上结论可知，大型的养猪场由于管理水平高、饲养工艺先进，其单位生猪产生的污染量小。

5.2.2.2 削减

本次实例研究选择的养猪场，废水处理模式也各不相同，具有一定的代表性，见表 5-12。

表 5-12 养猪场废水处理模式比较

名称	废水处理模式
大型养猪场	沼气池+生化+人工湿地处理
中型养猪场	沼气池+生化处理
小型养猪场	沼气池

（1）各种废水处理工艺对污染物的削减

1）“沼气池+生化+人工湿地处理”工艺对各种污染物的削减情况见表 5-13。

表 5-13 “沼气池+生化+人工湿地处理”工艺对各种污染物的削减情况

项目		处理前浓度/（mg/L）	处理后浓度/（mg/L）	削减率/%
COD	夏秋季	2 980	756	74.63
	冬春季	5 647	1 163	79.40
氨氮	夏秋季	607	144	76.28
	冬春季	648	542	16.36
总磷	夏秋季	60	19	68.33
	冬春季	30	20	33.33
总氮	夏秋季	821	327	60.17
	冬春季	1 097	407	62.90

“沼气池+生化处理+人工湿地”工艺在夏秋季和冬春季对 COD、氨氮削减效果差异不大，而总磷、总氮的削减效果在冬春季明显下降。

2）“沼气池+生化处理”工艺对各种污染物的削减量见表 5-14。

表 5-14 “沼气池+生化处理”工艺对各种污染物的削减情况

项目		处理前浓度/（mg/L）	处理后浓度/（mg/L）	削减率/%
COD	夏秋季	5 473	865	84.20
	冬春季	5 337	1 927	63.89
氨氮	夏秋季	575	412	28.35
	冬春季	901	412	54.27
总磷	夏秋季	134	66	50.75
	冬春季	50	39	22.00
总氮	夏秋季	901	524	41.84
	冬春季	1 793	1 557	13.16

“沼气池+生化处理”工艺对各种污染物都有一定的削减能力：夏秋季对 COD 的削减效果较好，可达到 80%以上，冬春季有所下降。

3）“沼气池”工艺对 COD 的削减情况见表 5-15。

表 5-15 “沼气池”工艺对 COD 的削减情况

项目		处理前浓度/（mg/L）	处理后浓度/（mg/L）	削减率/%
COD	夏秋季	2 397	1 041	56.57
	冬春季	4 283	2 007	53.14

“沼气池”工艺对 COD 的削减效果可达 50%，对其他污染物的削减基本没有贡献。

（2）各种废水处理工艺对污染物的削减分析

各种废水处理工艺对污染物的削减率见表 5-16。

表 5-16 各种废水处理工艺对污染物的削减率

单位：%

项目		沼气池+生化+人工湿地处理	沼气池+生化处理	沼气池
COD	夏秋季	74.63	84.20	56.57
	冬春季	79.40	63.89	53.14
氨氮	夏秋季	76.28	28.35	0
	冬春季	16.36	54.27	0
总磷	夏秋季	68.33	50.75	0
	冬春季	33.33	22.00	0
总氮	夏秋季	60.17	41.84	0
	冬春季	62.90	13.16	0

对比三种工艺对污染物的削减，总体来说，沼气池+生化+人工湿地处理＞沼气池+生化处理＞沼气池。

沼气池+生化+人工湿地处理：对 COD 的削减率可达 70%以上；对氨氮的削减率，夏秋季可达 70%以上，冬春季明显下降，只有 15%左右；对总磷的削减率，夏秋季可达 60%以上，冬春季明显下降，只有 30%以上；对总氮的削减率可达 60%以上。

沼气池+生化处理：对 COD 的削减率可达 60%～85%；对氨氮的削减率，夏秋季可达 25%以上，冬春季为 50%左右；对总磷的削减率，夏秋季可达 50%以上，冬春季明显下降，只有 20%以上；对总氮的削减率，夏秋季可达到 40%以上，冬春季只有 10%左右。

沼气池：对 COD 的削减率可达 50%以上；对其他污染物的削减基本没有贡献。

只有沼气池的工艺削减效果较差，特别是冬春季，这与其自身的工艺缺陷有关：一是厌氧微生物在发酵过程中，会产生一些有害微生物。有害微生物会抑制正常微生物的繁殖，降低发酵效率，到一定时间要进行彻底清理，否则就不能正常产气。二是清洗液、消毒剂会影响发酵。养猪场消毒以后，清洗液、消毒剂进入发酵池中，就会杀死微生物，抑制发酵。每次消毒以后，沼气池就会有 3～5 天停止产气，这是许多养猪场经常发生的问题。三是季节性限制，四川省冬春季长达 150 天，随着温度降低，就会影响发酵效果，产沼气量会减少，污水处理效果差。增加了生化处理后，对各种污染物的削减有明显增加，再增加了人工湿地处理后，对各种污染物的削减又有所提高。

5.2.2.3　面源污染负荷总量测算

（1）产污系数计算

内江市商品猪从出生到出栏共需 175 天左右，规模化养猪场商品猪持续养殖，故计算从出生到出栏的产污系数时取夏秋季和春冬季的平均值。成年猪年产污系数计算时，取天数，夏秋季节为 215 天左右，春冬季为 150 天左右，商品猪及成年猪产污系数见表 5-17 和表 5-18。

表 5-17　商品猪从出生到出栏的产污系数　　单位：g/头

名称		大型养猪场	中型养猪场	小型养猪场
COD	废水	6 288	11 013	11 645
	固废	34 965	33 530	38 798
氨氮	废水	972	1 512	3 088
	固废	194	129	194
总磷	废水	66	186	174
	固废	717	910	963
总氮	废水	1 469	2 707	4 656
	固废	1 575	1 637	1 435

表 5-18　成年猪每年产污系数　　单位：g/头

名称		大型养猪场	中型养猪场	小型养猪场
COD	废水	18 718	35 142	34 742
	固废	103 550	97 220	113 825
氨氮	废水	2 767	4 211	8 792
	固废	515	365	580
总磷	废水	261	760	718
	固废	2 190	2 640	2 835
总氮	废水	4 104	7 378	12 962
	固废	4 615	4 615	4 035

（2）内江市规模化养猪产污量计算

根据调查表统计得出内江市不同类型养猪场的年出栏量，一般情况下，10 000 头仔猪需要 625 头成年猪（600 头妊娠猪、25 头公猪）进行繁殖，可推算出内江市不同类型养猪场的成年猪数量，具体数据见表 5-19。

表 5-19　内江市规模化养猪场年出栏量及成年猪数量　　单位：头

名称	大型养猪场	中型养猪场	小型养猪场
商品猪	245 852	176 265	589 576
成年猪	15 366	11 017	36 848

根据商品猪及成年猪产污系数和猪的数量，计算出内江市规模化养猪场废水和固废污染物的产生量见表 5-20 和表 5-21。

表 5-20 商品猪从出生到出栏的产污量 单位：t/a

名称		大型养猪场	中型养猪场	小型养猪场	合计
COD	废水	1 546	1 941	6 866	10 353
	固废	8 596	5 910	22 874	37 381
氨氮	废水	239	267	1 821	2 326
	固废	48	23	114	185
总磷	废水	16	33	103	152
	固废	176	160	568	904
总氮	废水	361	477	2 745	3 583
	固废	387	289	846	1 522

表 5-21 成年猪每年产污量 单位：t/a

名称		大型养猪场	中型养猪场	小型养猪场	合计
COD	废水	288	387	1 280	1 955
	固废	1 591	1 071	4 194	6 856
氨氮	废水	43	46	324	413
	固废	8	4	21	33
总磷	废水	4	8	26	39
	固废	34	29	104	167
总氮	废水	63	81	478	622
	固废	71	51	149	270

内江市大、中、小型养猪场固废、废水年产污量统计见表 5-22。

表 5-22 内江市规模化养猪场年产污量 单位：t/a

名称		大型养猪场	中型养猪场	小型养猪场	合计
COD	废水	1 834	2 328	8 146	12 308
	固废	10 187	6 981	27 069	44 237
氨氮	废水	281	313	2 145	2 739
	固废	56	27	136	218
总磷	废水	20	41	129	190
	固废	210	189	672	1 072
总氮	废水	424	558	3 223	4 205
	固废	458	339	995	1 792

内江市规模化养猪产污总量为：COD 56 543 t/a，氨氮 2 957 t/a，总磷 1 262 t/a，总氮 5 997 t/a。

（3）内江市规模化养猪污染削减量及排污量计算

根据调查数据，统计各种废水处理方式比例，沼气池+生化+人工湿地处理占 11%、沼气池+生化处理占 15%、沼气池占 74%。

根据前面计算，不同废水处理方式污染物削减率见表 5-23。以夏秋季 215 天，冬春季 150 天，计算平均削减率。

表 5-23　不同废水处理方式污染物削减率　单位：%

项目	沼气池+生化+人工湿地处理	沼气池+生化处理	沼气池
COD	76	75	55
氨氮	52	39	0
总磷	54	39	0
总氮	61	30	0

根据污染物产生总量，废水处理方式所占比例和不同废水处理方式污染物削减率，可计算出污染物的削减量和排放量。根据产生量、削减量和排放量，可计算出削减率和排放率，具体见表 5-24。

表 5-24　内江市规模化养猪场污染物产生量削减量和排放量　单位：t/a

名称		产生量	削减量	排放量
COD	废水	12 308	7 620	4 688
	固废	44 237	22 118	22 117
氨氮	废水	2 739	268	2 471
	固废	218	61	157
总磷	废水	190	27	163
	固废	1 072	214	858
总氮	废水	4 205	426	3 779
	固废	1 792	358	1 434

从表 5-24 中可以看出，内江市规模化畜禽养殖废水和固废中 COD 削减率较高，氨氮、总磷、总氮削减率均较低。废水污染物中 COD 削减率最高，氨氮削减率最低。

（4）内江市规模化养殖面源污染计算

根据调查结果统计，内江市规模化养猪场固废、废水各种利用方式比例见表 5-25，面源污染总量见表 5-26。

表 5-25 内江市规模化养猪场废水及固废各种利用方式比例

利用方式	固废利用方式			废水利用方式	
	直接排放	测土配方	非测土配方	直接排放	浇灌农田
所占比例	0	0.2	0.8	0.9	0.1

表 5-26 内江市规模化养猪场面源污染总量 单位：t/a

名称		排放量	面源污染量	合计
COD	废水	4 688	4 547	18 260
	固废	22 117	13 713	
氨氮	废水	2 471	2 397	2 494
	固废	157	97	
总磷	废水	163	158	690
	固废	858	532	
总氮	废水	3 779	3 666	4 555
	固废	1 434	889	

内江市规模化养猪场面源污染量为 COD 18 260 t/a，氨氮 2 494 t/a，总磷 690 t/a，总氮 4 555 t/a。其中废水中污染总量为 COD 4 547 t/a，氨氮 2 397 t/a，总磷 158 t/a，总氮 3 666 t/a；固废中污染物总量为 COD 13 713 t/a，氨氮 97 t/a，总磷 532 t/a，总氮 899 t/a。

5.3 监测质控经验总结

质量控制与质量保证应贯穿整个监测过程（包括布点、采样、样品贮运、实验室分析、数据处理等），以保证监测所获数据的准确性、精密性、完整性、代表性和可比性。实施一次监测需要调动大量人力、物力进行现场采样，结束后还有许多样品等待实验室迅速进行分析，整个过程工作量很大。面对这些繁杂的监测工作，只有重视质量控制与质量保证措施，才能确保最后测算结果的可靠性。

5.3.1　深入研究污染特性及影响因素是质控工作的前提

我国是畜禽养殖大国，对禽产品需求量大，畜禽养殖的范围广、数量大、品种多，这就造成了畜禽养殖的污染具有排放量大、污染成分复杂、污染范围广、污染具有差异性、监管难度高、兼有点源与面源特性等特点。同时，畜禽养殖的污染又受到多方面因素的影响，包括来自管理方面、技术层面及企业本身的影响。因此，对某地区实施畜禽养殖污染监测应该是一项系统性的工作。首先，需要了解畜禽养殖面源污染的基本概念及普适性的污染特性及影响因素等，然后，结合本地区的实际情况，深入研究自然状况（地形地貌、气候、水文、植被）、畜禽产品市场需求状况、环境容量等相关内容，从而基本确定本地区的畜禽养殖污染基本特征，为编制合理的总量测算方案提供坚实的理论基础和现实依据。

5.3.2　收集全面、翔实的信息是质控工作的基础

规模化畜禽养殖，范围广且布局分散，因此对畜禽养殖污染开展监测只能采取抽样调查的方法，它的关键是选出区域内具有代表性的规模化畜禽养殖场（企业），这事关整个区域总量核算工作的成败。只有对整个地区的畜禽养殖情况有了翔实的了解，才能选出有代表性的养殖场（企业）开展“污染产生”及“污染削减”的监测，进而根据“面源体现系数”，在对整个地区的规模化畜禽养殖情况调查的基础上，测算出区域的规模化畜禽养殖面源污染总量。

规模化畜禽养殖情况资料的收集采取详查和普查的方式，主要方法：查阅资料、走访相关部门、实地踏勘等。

通过查阅年鉴、网络搜索等，可以收集到本地区地形地貌、气候、水文、植被等与规模化畜禽养殖及其污染影响相关的自然状况基础信息，归纳总结出本地区规模化畜禽养殖的发展历程与趋势。

准确掌握区域内的规模化畜禽养殖情况对典型养殖场（企业）的选择非常重要，因此要与畜牧、农业、统计等相关部门建立友好协作关系，收集本地区各种畜禽养殖规模数量及其所占比例；养殖方式及其所占比例；养殖废水和固废的处理、处置方式、资源化利用方式及其所占比例；饲养工艺及其所占比例等信息。在掌握以上信息的基础上，依照 3.1 节的选择原则，选出区域内有代表性的养殖场。

基础信息的收集工作不能仅局限于资料、文字的收集，更需要对现场进行仔细踏勘，

对已有资料进行校核、加工等，确保资料的可靠性及实用性。如对本地区初步选定的典型养殖场（企业）进行现场踏勘和问卷调查，对其饲养工艺、养殖方式、养殖规模、养殖时间、污染治理技术条件、资源化利用技术等进一步了解。

5.3.3 确定合适的监测时段是质控工作的重要保障

畜禽养殖业的污染物产生和排放是一个长期的过程，进行长期监测是不现实的。同时，畜禽养殖业的污染产生和排放受季节影响有一定的变化：随着季节变化，畜禽需求不同（如夏季降温），饮水量和冲洗圈舍的用水量均发生变化，则污染物的产生量会发生变化；同时污染物处理效率也会受到季节、温度的影响，污染物的排放量也会发生变化。因此选择合适的、有代表性的监测时段非常重要，这样才能准确掌握每个季节典型的产污情况和污染削减情况。

首先，应通过对所选择的典型养殖场（企业）的实地勘察、调研咨询等，掌握全年中企业养殖用水量的变化规律、污染物的产生规律和污染物处理工艺的处理效率变化规律等，基于以上信息确定选择哪几个季节开展监测工作。

其次，根据畜禽生活习性（饮水量、进食量、体温等）变化的时间规律，确定每一个季节最具有代表性的时间段。

最后，通过一段时间对典型养殖场（企业）的废水和固废排放规律进行总结，归纳出其污染物排放每天的变化幅度，确定监测天数。

5.3.4 合理设置监测频次是质控工作的重要环节

监测频次的设置不是无限次地增加监测次数，而是在分析畜禽养殖污染影响因素的基础上，合理设置监测频次。

畜禽养殖的废水和固废的产生均不是一个连续的过程。废水的产生和养殖场冲洗圈舍的时间密切相关，不同季节，各养猪场冲洗圈舍的时间、频次等各不相同，因此，废水的产生随季节而变化；固废的产生与养殖场的清粪和打扫圈舍的时间密切相关。

各养殖场的废水监测频次，要根据养殖场的工作时间、圈舍冲洗时间和排水规律确定，确保采集的样品和监测的流量具有代表性。鉴于实验室的分析工作量大，可根据排水规律，采混合样进行分析，使最终的分析结果更接近真实值。

各养殖场的固废监测频次，要根据养殖场的工作时间、清粪和打扫圈舍的时间确定，应提前对采样地点（固废暂存点）进行仔细踏勘，在固废混合均匀处采样，确保采集的样品具有代表性。

5.3.5　实施全过程的质量控制与质量保证

采样人员严格遵照采样技术规范进行采样工作，认真填写采样记录，按规定方法保存、运输样品。

监测分析要采用国家有关部门颁布的标准分析方法或推荐方法；监测人员需经过考核合格并持有上岗证；所有监测仪器、量具均应经过计量部门检定合格并在有效期内使用。

数据处理要严谨，保证监测所获数据的准确性、精密性、完整性、代表性和可比性。

第 6 章

畜禽养殖水污染物负荷估算思考与建议

基于前文相关研究和实践，对畜禽养殖水污染物负荷估算的复杂性进行阐述，并在此基础上，与当前生态环境管理制度相结合，提出以下三个尺度的目标定位、测算边界、测算方法、应用场景等内容的思考，供有关学者借鉴。

6.1 畜禽养殖水污染物负荷估算复杂性

从长期研究和实践来看，畜禽养殖水污染物负荷估算的复杂性主要由以下三个方面因素影响：

第一，畜禽养殖粪污兼具资源和污染特征。畜禽养殖水污染物排放主要来自畜禽养殖粪污及冲洗废水，而畜禽养殖的粪污既是污染物来源，又是资源。“垃圾只是放错地方的资源”这句话对于畜禽粪污同样适用。如果把畜禽养殖粪污全部视为污染，那就会夸大畜禽养殖的污染贡献，但如果过于强调粪污的资源属性，又不符合很多畜禽养殖粪污正成为部分地区、流域的主要污染来源的实际情况。因此，在进行畜禽养殖水污染物负荷估算时，要同时考虑畜禽养殖粪污的资源属性和污染特性，尽可能客观地反映畜禽养殖的污染状况。

第二，畜禽养殖污染兼具点源和面源特征。对于规模化畜禽养殖，在生产源头上体现的是点源污染，但畜禽养殖的粪污一般会作为肥料进行资源化农业利用，如超过了农田及土地的承载力，在环境影响上就形成面源污染。另外，对于散养的畜禽养殖，在污染产生上，更加符合面源特征。因此，畜禽养殖污染兼具点源和面源特征，在进行水污染物负荷估算时，需要针对不同类型的畜禽养殖分别设计技术路线。

第三，畜禽养殖污染排放兼具直接特征和间接特征。有些畜禽养殖场，废水污染物会通过排污口直接排入环境水体；但更多的畜禽养殖场，是将其作为肥料资源化利用，在粪污利用量超过土地承载力时，超载的部分会通过农田土地冲刷进入环境水体，一定程度上可以视为间接排放。经过农田排入环境水体的污染负荷是否纳入畜禽养殖污染负荷估算范畴，其本身就可以有不同的处理方式，在不同层级、不同管理情境下，可以采用不同的设计。

6.2　三个层级的负荷估算思考

正因为畜禽养殖水污染物负荷估算非常复杂，决定了在研究和业务实践中，很难通过一个统一的方法解决多尺度、多目标的问题，需要根据不同层次的目标定位，确定各层次的关注重点，给出相适应的方法。与当前生态环境管理制度相结合，提出以下三个尺度的目标定位、测算边界、测算方法、应用场景等内容的思考。

（1）养殖场尺度

在目标定位上，养殖场尺度是最有基础将个体的污染负荷测算做精细的，同时，养殖场尺度也应当是具体落实精细化管控政策要求的具体对象。因此，养殖场尺度的污染负荷，应以服务固定污染源的精细化管控为日标定位。

在测算边界上，由于养殖场尺度的定位为养殖场个体的精细化测算，那么其边界也应当与之匹配，污染物负荷核算边界界定为从养殖场到环境介质为宜，即只要是出入养殖场可控边界，到环境介质即可认定为养殖场的污染排放，至于后期是否进行再次处理，或者农田利用吸收，都不在养殖场尺度上予以考虑。

在测算方法上，养殖场尺度可以尽可能通过实测方法提高测算精度，特别是有废水排放口的畜禽养殖场，可以使用监测数据相对准确测算经废水排放口排放的污染物排放量。对于粪污资源化利用的，也可以通过详细的调查结果，利用相对精准的产排污系数估算养殖场的污染物排放量。

在应用场景上，养殖场尺度的污染负荷测算主要以服务相对确定的点源排放监管，以排污许可和规模化养殖场精准管控为主。

（2）小流域尺度

在目标定位上，小流域尺度更加适合表明畜禽养殖污染对目标水体环境质量的影响状况，从而为针对性施策提供支撑。因此，小流域尺度的污染负荷估算，应以服务小流域水环境质量管控为目标定位，较多地考虑畜禽养殖污染到目标水体的输入途径和最终影响，也尽可能体现时空影响。

在测算边界上，以小流域受纳为边界，也就是说，以畜禽养殖场排入目标水体的量作为考虑的重点，即考虑畜禽养殖粪污的二次吸收利用。

在测算方法上，通过选择适用性强的模型，在对小流域尺度地形、地貌、降雨等情况调查的基础上，进行输入、输出的模拟估算。由于规模化养殖场和散户在污染排放形式上是有差异的，在模型输入时，也尽可能按规模和排放形式予以区分，可以流域内养殖场尺度的调查和信息为基础，将养殖场排放、资源化利用的信息收集整理，在模型中予以体现。

在应用场景上，可以定位为小流域水环境质量改善和污染溯源管控上，立足具体小流域的水环境质量改善需求，通过模拟估算得到畜禽养殖污染贡献，从而在小流域尺度给出具体的应对之策。

（3）全国尺度

在目标定位上，全国尺度的畜禽养殖污染负荷模拟估算，以服务全国大范围污染总体压力态势研判和大尺度污染物循环测算为目标定位，不在于精细，而在于趋势和总体状况的宏观研判。

在核算边界上，核算边界定位为畜禽养殖端的输出，不考虑后续的二次吸收利用，吸收利用的污染削减，纳入对应目标主体的测算范畴。

在核算方法上，基于相关统计数据得到的活动水平和基于抽样调查测算的产排污系数，得到不太精准的估算结果。这种核算方法，在很大程度上利用相关部门统计调查数据，同时可将养殖场尺度、小流域尺度的成果作为与活动水平相匹配的产排污系数选取的依据。

在应用场景上，主要应用在普查、统计调查、规划编制基本情况和相关分析预判上，也可以用于相关排放清单编制上。